就像住在國外一樣！

現代歐系居家
風格解剖書

Europen Modern living

復古
時尚

暖系
鄉村

個性
LOFT

J+D design lab
齊舍設計事務所

著

原點

Content

目錄

Foreword
前言

家的空間美學
人的生活氣味

生活是一場冒險，旅途中的點滴都會在未來發酵。曾經在英國留學的日子，學習的不只是設計，投入當地生活的確也改變了很多我們對生活，對空間的想法。其實英式居家和台灣有雷同處，同樣房子都不大，但英國保留了許多傳統，生活中處處可見新舊融合。尤其房子已經不大，於是在細節處的細膩處理手法也讓人感受到他們對生活的用心。

英國給予我們最多的養分是在當地的生活體驗，每天看見、接觸的事物，持續滋養我們的設計細胞，也為我們植入英倫美學的基因，那段時間大量累積的英式美感

及品味，都為我們的設計紮下深厚底子。

另外造成衝擊的，還有英國人的態度，我們回國後最常分享的其實不是在「學校裡學到了什麼」，而是「學校老師在學習上提供的自我成長與刺激」，在要求老師傳授技能之前，要先丟出你有什麼東西，他才依你的內容進行回饋，這樣的循環中我們必須不斷提升自己，從被動接受訊息者改變成為主動涉獵的角色。

回來後我們把喜好投注在事業上，將在英國觸及到的一切搬回台灣跟大家分享，在台灣的土地上依然能享受歐美生活感十足的氛圍，也將這些經驗內化成為接下來的工作哲學。回到台灣從事室內設計已經十年了，隨時保持熱情與活絡靈感的祕訣，在於定時的旅居國外，每年至少出國一次並且停留2～4週，就是要用體驗生活的方式去觀察與感受城市，即便時間不允許我們去這麼久，也要大量閱讀，用紙

本代替眼睛瀏覽全世界！

營造感性氛圍　落實人文底蘊

空間設計上，因為我們喜歡在簡單中見細膩，所以一直以來不做繁複的規劃設計，利用天花線板，踢腳線板等小細節，像是埋藏在空間裡不起眼卻無法遺忘的角落，靜悄悄鋪散全室，默默地奠定了空間細膩氛圍。再利用家具家飾，營造空間氛圍。

色彩對我們來說也是居家設計裡很重視的環節。居家空間大多以灰色調為主，灰色不管和任何顏色搭配都很合適，同時讓視覺變得寧靜，只有在臥房的部份，會使用比較重的顏色。因為臥房空間大多不大，用色重一些能讓空間變得有份量，視覺上也比較活潑。

設計家，也設計生活

掌握了主要空間設計後，其實我們大多鼓勵屋主們自己選購家具，而事實上大多數屋主也喜歡選購家具這件事，他們都希望能對空間也有一定參與感，當然我們也樂見其成，畢竟對家的參與度愈高，對空間認同感會更高，相信這樣的空間才能凝聚一家人情感。

經手過的案子裡頭，印象最深刻的是曾經有屋主對我們說，房子裝修前一家人情感很疏離，大家回到家就各自回房，各忙各的，孩子假日也不喜歡待在家。但自從房子裝潢好，一家人喜歡圍坐在餐桌邊閒聊日常瑣事，假日孩子甚至開始喜歡約同學回來家裡玩。看到屋主愉悅的表情，當下心裡的確有些激動，讓我們覺得室內設計不只是一份工作，它回饋給我們的滿足感是金錢無法衡量的。

另一種感動，是來自業主對我們設計風格的肯定，我們的業主多半來自女性族群主導的家庭（針對裝修這件事），可能原本喜歡極簡或其他風格的男主人，住進家中一段時間後，會回頭告訴我們：「這個家的風格，住越久越好看」，在生活的過程中慢慢注入自己的味道，也越住越有自己的樣子了。

我們的設計風格，其實緊扣著「生活」與「體驗」，把家的架構單純化，給予居住者最大的自由，堆疊或彩繪屬於自己的空間模樣。因為我們熟悉的歐美居家風格，就是一個以人為本的空間設計，也期待將這樣的理念帶給每個人！

齊舍設計事務所

1

風格細節
DETAIL

material・建材活用

——

Ceiling 天花

[白色天花＋簡單線板　勾勒家的立體感]

最容易被忽視的天花板，其實是很好利用的居家風格背景，建議以
白色維持整體空間的素雅感受，再挑選樣式簡單、與天花不同白色
層次的線板，無論任何風格，都能輕鬆勾勒家的立體感。

point 1

平釘式天花，最不搶戲的背景

天花板設計以平釘式天花為主，造型刻劃
也僅在轉角收線板，做出簡單而優雅的天
花設計，搭配重點式照明，例如主燈或嵌
燈，沒有複雜的層次以及間接燈光，讓天
花板成為最不搶戲的背景。

point 2

白色天花，連貫空間場域

為了把目光集中在空間的立面上，天花板的
顏色通常使用最百搭的白色，以配合地板、
牆面的色彩，大面積的白色天花也能整合各
空間的立面彩牆，讓空間更有整體性。

point 3

明管天花，爭取空間高度

當屋高不高、即便平釘天花依舊會吃掉空
間高度時，讓電線走明管，可釋放走暗管
而封板的天花高度，搭配走法整齊、與天
花板同色的管線，不但保留屋高也創造出
風格個性。

point 4

裸露樑，美感不打折

天花板不包樑，不僅維持舒服自在的屋
高，樑的外露也成為場域劃分的角色。若
是能將樑轉化為詮釋風格的設計語彙，巧
妙融入空間之中，就能弱化大樑的存在，
加乘空間美感。

1		
2	**3**	**4**

1 白色平釘天花板,搭配線板妝點就能詮釋風格,也可運用立體造型的雕刻柱頭在天花與牆面的轉角處沿線並列一圈,宮廷古典風格的表現十分到位。 **2** 在天花邊緣以線板收邊妝點,可增添白色天花板的典雅質感,收邊的線板使用比底板略為深或淺的白色,利用同色系的深淺拉出層次。●home15 p.232 **3** 天花板走明管在於簡化燈管線路並讓線路走得整齊;把管線刷上與天花同色,就能創造如同國外老屋的優雅率真。●home10 p.162 **4** 為了弱化大樑橫亙的壓迫感受,最好辦法就是賦予它另一種身分。在樑的尾端加上立柱,連同樑面上淺淺的線板,順勢製造出門廊效果。●home10 p.162

material · 建材活用

———

Floor 地板

[木地板＋復古磚　都會與復古百搭素材]

歐美風格的地板材質多半以木地板、復古磚為主，木地板因為樹種
多且可染成或濃或淡的色澤，適用於各式空間風格。另外再搭配復
古磚等磚材的使用、配色的平衡，輕鬆為風格空間打底。

point 1

木地板用色要比牆面更重

木地板染色加重能呈現空間的穩重感，減輕
染色能變輕盈。木地板色澤與牆面顏色在一
淺一深的通則下，地板要比牆面顏色更重，
尤其當牆面的彩度低，地板色澤要更深沉。

point 2

大面積用木地板、局部用磚，劃分場域

木地板的溫潤質感，可透過不同深淺與紋
理，營造各種風格。所以我們多以木地板
為主，只在局部有特殊使用考量的空間如
玄關及廚房使用磚材，藉此區分不同空間
的屬性。

point 3

超耐磨木地板，實用又百搭

配合台灣氣候及屋主的使用習慣，超耐磨
木地板是很好的選擇，它具有耐磨、防
污、防潮、免打蠟等特性，木紋的擬真效
果好，且卡榫式的設計簡化施工，是很親
民的地板素材。

point 4

木地板大或小塊拼貼，決定風格濃度

若要強調質樸的空間調性，木地板可以小
塊拼貼且紋理豐富為主，V字型等造型，更
能營造復古氛圍；若想呈現美式都會的簡潔
感，則可選擇寬版拼貼，營造純淨無縫幾近
石材的效果。

1		
2	3	4

1想要賦予空間濃郁的Country Style，木節鮮明、肌理粗獷的木地板是不可或缺的元素，木頭材質本身的自然溫潤，比復古磚更能夠製造溫度。●home14 p.216　**2**局部地板使用磁磚拼貼，可以跳出不一樣的味道，搭配斜貼木地板，玄關使用黑白磁磚製造復古摩登感。●home01 p.032　**3**一般長條木地板的貼法與入口平行，但在處理狹小空間時，採取45度斜貼的方式，可以擴展空間，讓視覺變寬，化解空間的狹長感受。●home03 p.064　**4**透過兩塊交疊的人字型或是兩塊切齊的Ｖ字型地板，可以詮釋具有歷史韻味的風格，配以深淺交錯的接續手法，搭配老家具，道出濃厚的人文底蘊。●home10 p.162

material · 建材活用

Wall 牆面

[多彩塗料＋石材、磚材　為風格立面定調]

在大面積的壁面鋪陳上，我們常以大量不同色彩塗料和在重點牆面
點綴以少量的馬賽克、磁磚、大理石、文化石、壁板等素材，營造
優雅又略帶復古的空間氛圍。

point 1

漆料選擇多，最容易塑造風格

我們大多使用塗料做為牆面的基礎建材，
漆的選擇一定是環保漆。建議使用電腦調
色漆，色彩多、調色快，透過電腦設定可
精準調色，每種顏色都有一組電腦色號，
未來要補漆時容易取得同樣的顏色。

point 2

石材、磚材，用在重點牆面

整個空間只選擇一面牆做為風格形塑的重
點，再局部使用特殊材質，如文化石、大理
石等，其餘壁面用刷漆來強調風格。以客廳
主牆來說，若面寬夠大則可三分法；若面寬
較小，則可以一半刷漆，一半石材或磚材。

point 3

牆面鋪磚，不單只用一種磚材

廚房磚的種類（亮面或粗糙面）以風格為依
據，顏色則與廚具做對比；浴室乾區可在上
半段搭配塗料，下半段鋪磚；若整間鋪磚，
會以收邊或腰帶的方式讓兩種以上的磚去
搭配。

point 4

素色壁板，修樑或平衡視覺

壁板的使用通常具有目的性，修樑就是其
中一種。不但可以消弭樑的存在，也製造
出頂高櫃體的空間感。另外，當空間出現
較高彩度的牆面時，也可以利用淺色壁板
來平衡視覺。

1		
2	3	4

1我們常用的乳膠漆因為有膠的成分,具有抗裂性,現在還加入很多特殊成分,除了環保,也可以防霉、抗菌、耐髒污。●home05 p.090 **2**運用文化石做為電視牆主體,漆面刻意染上些許紅褐色,製造煙燻效果;兩側搭配深咖啡色的牆面,加強空間的穩重性。●home08 p.134 **3**浴室的壁磚以石材與玻璃馬賽克兩種材質錯落拼貼,等距大小的長條小磚,整面鋪貼可拉寬面積尺度,在光影與水波映射下,製造牆面流動感。●home01 p.032 **4**在樑上以白色壁板包覆,不但可以修掉樑柱量體,連貫向下的落地書櫃,也運用同一種線板語彙形成書櫃的一部分。●home10 p.162

material · 建材活用

———

Cabinet 櫥櫃

［開放式書櫃＋活動櫃體　為家融入人文底蘊］

其實無論坪數大小，都可以創造出英美、都會或復古的風格調性，
只要在空間裡安排置頂的開放式落地書櫃，再加上可以符合風格的
活動式家具，就能為空間融入人文底蘊。

point 1

開放落地書櫃，用來擴展空間感

開放式落地書櫃是我們最常用的櫃體手
法，既符合收納需求亦可拉高空間比例。
光是整座書櫃就能變化出多種形式，像是
加個爬梯，就能製造圖書館氛圍；櫃體之間
加立柱，掛上壁燈就能營造老歐洲情調。

point 2

至少一座木作櫃，搭配風格家具使用

一個空間中，至少要有一座木作櫃體來達成
收納需求，其餘可用活動櫃體進行點綴。活
動櫃體不但讓空間使用更具彈性，在櫃體選
擇上，也可以更聚焦地找到符合空間調性的
樣式。

point 3

噴漆面材主都會；木皮面材主沉穩

我們常用的櫥櫃面材有噴漆和木皮，不同的
處理手法會產生不同的風格感受，一般噴漆
會用在簡單、摩登、都會的空間，若主調是
成熟穩重或鄉村質樸，則使用木皮為多。

point 4

櫃體與牆面異色，增加層次感

若是開放式書櫃，櫃體和底牆會使用不同
的顏色，這能讓櫃體看起來更立體；而底
牆和牆壁的顏色，又會是同色系但不同色
階，既能有整體感又可帶出些微層次。

	1		
2	3	4	

1頂高、落地書櫃,加上軌道式滑梯,可營造猶如置身圖書館般的知性美感;即便是門片櫃體,也可因木梯的設置充分利用最上方空間。●home02 p.048 **2**客廳採用白色落地書櫃,而餐櫃的部分,則選擇黑色的活動櫃體,黑白相襯揉合成都會又時尚的空間調性。●home03 p.064 **3**開放格櫃的規劃能降低整座頂高櫃的壓迫,透過大小格距的等比安排,展現工整規律的風格訴求,尤其使用深色胡桃木面材更顯沉穩雅緻。●home06 p.104 **4**為了突顯白色書櫃的立體感,底牆的顏色刻意選深,讓櫃體的輪廓鮮明跳出,底牆雖與牆面同為抹茶色,但運用些微的深淺差別,讓櫃體面更加立體。●home05 p.090

material · 建材活用

———

Color 色彩

[灰色調＋一間一色　豐富色彩讓空間更精彩]

空間的色彩必須結合許多元素，不會是單一色彩與單一牆面的呈現，而是多方納入採光、面積、個人喜好等因素，且善用顏色的深淺濃淡、調色配比，才能創造風格十足的有型居家。

point 1

一間一色，空間最精彩

讓每個空間擁有自己的色彩，能夠豐富房子的生命力。各空間的用色以區塊來劃分，一個空間一個顏色，再以門框或門片做緩衝，並用天花板的白色串連，達到視覺上的整體感。

point 2

加入灰色調，耐看又舒適

彩度太高不適合長久居住，容易引起心情浮躁且不耐髒，我們雖然主張豐富用色，卻更重視身處其中的感受，所以所有的顏色都會加入灰色調，降低空間彩度，平衡視覺也更加耐看。

point 3

公共空間以大地色為主

公共空間屬於全家人，一定會用淡雅色，例如白色或大地色，尤其是大地色與任何顏色都能產生協調效果；私人空間的用色則以居住者的喜好為主，但會依照其指定的顏色尋找彩度較低的色彩。

point 4

深色空間用在採光明亮處

暗色系能沉澱情緒、營造放鬆氛圍，但因重色會吸光，使用的空間光線一定要足夠，且光線的變化也間接左右空間的色溫和氛圍，所以搭配良好採光，即便使用暗色的空間也不致陰暗狹小。

	1	
2	3	4

1從客廳的奶茶色、餐廳的淺綠色到廚房的天空藍，以白色天花連貫三種顏色，搭配門框的分界與緩衝，豐富空間的色彩層次也兼顧美感的協調。●home08 p.134　**2**當空間的背景是深灰藍的牆面以及黑色的櫃體時，使用繽紛的色彩活化空間表情，以及透過金屬亮面的材質點綴，都能達到畫龍點睛的效果。●home01 p.032　**3**面對使用重色的空間，同色系的深淺搭配是最好的配色處理，主牆面使用深色的咖啡紅，為了不讓房間過於沉重，在其他面則使用淺紫，緩和主體色牆的濃度。●home08 p.134　**4**高彩度與高飽和度的色彩，用在兒童房最合適，但考量鮮艷色的刺激性，降低使用面積以及不整面牆塗刷是關鍵手法。●home14 p.216

material · 建材活用

——

Door & Window 門窗

［折門＋格子窗＋木百葉　用門窗表達空間趣味］

室內門與窗多半兼具隔間功能，也是展現風格的設計手法之一。溫潤的木門可以增添風格美感，結合玻璃的作法可以讓空間擁有更棒的視野和採光；木百葉和格子窗是經典元素，也會讓居家更有溫度。

point **1**

經典折門（窗），造型與機能兼備

英美式空間大多以開放式為主，但必要的隔間，我們通常會使用折門區隔。除了折門是經典的用法之外，折門的隔音也比拉門來得好。此外，折門使用可以推至最底，打開時同樣能達到開放空間的效果。

point **2**

法式對開門，優雅的門扇形式

除了折門之外，法式對開門（Franch door）也是一種經典門片的形式，特別是用在走道上，將門扇分為兩片狹長狀，不但拉高空間比例，對開的方式對使用者來說也別有一種戲劇效果。

point **3**

格子窗＆百葉簾，可田園可都會

格子窗常用在玄關與客廳或是書房與客廳之間，既具備通透效果也能保有隱私。若格子比例大，風格會多些都會感；比例小，則田園的表情濃一些。此外，百葉簾也常與狹長窗型結合，營造家的靜謐氣息。

point **4**

拱門造型吸睛，修樑又界定空間

拱門是歐式建築的經典語彙，除了用來修飾樑，它的線條造型與白色元素又可做為空間的界定，尤其是用在公共空間進入私密空間的過道上或是客餐廳之間，做為過渡與緩衝。

| 1 | 2 |
| 3 | 4 |

1玻璃折窗可兼具穿透與隔間，下方亦可設置櫃子增加收納，若有隱私需求，則可用木百葉折窗取代。　**2**運用門框設計製造一進一進的層次感，對開門的構造拉出狹窄走道的空間氣度。●home02 p.048　**3**書房與客廳之間的格子窗，不但讓空間擁有穿透視野與採光，小塊的格狀分割也為空間注入休閒況味。●home13 p.200　**4**圓弧拱門造型設在客廳與餐廚之間，修飾掉大型的樑，也暗喻空間的界定。●home05 p.090

material · 軟件佈置

Furniture 家具

[美式簡單休閒、歐式繁複典雅　大小坪數皆優雅]

歐美或鄉村風家具各有不同的特定語彙，即使混搭重疊，也不成問題。運用不同材質、類型的家具，像是木家具、布沙發、主人椅、長板凳等，成對或不成套，都能堆疊出空間的格調。

point 1
2 ～ 3 人沙發搭配單椅，風格更聚焦

客廳的家具配置，原則上是 2 ～ 3 人的沙發搭配單椅，沙發以線條簡約、素色的款式為主，單椅可以挑選造型獨特、花色搶眼的樣式，做為風格焦點。不成套的沙發還可以減低大型家具的壓迫感。

point 2
抓住統一元素、色系，呈現整體感

家中各區域可以採購不同樣式的家具進行配置，製造豐富的空間觀感，但所有家具必須具有共同元素，包括形式（如雕花、滾邊之於細膩；直線之於簡潔）與家具色彩，有一致性才不會紛亂。

point 3
掌握美式、歐式、鄉村、Loft 家具的經典語彙

美式風格家具多半尺寸較大、形體厚實，呈現時髦大器的風範；歐式家具尺寸較小、線條較繁複，營造優美典雅的質感；而鄉村風格重在簡單和原木質感；Loft風格則具備工業金屬和刷舊斑駁等特色。

point 4
木製餐桌椅，詮釋自然典雅

在餐桌椅的配置大多使用木製品，營造溫馨閒適的視覺感受。通常大空間會使用較有存在感的布椅；小空間會選椅背鏤空、穿透感強的款式。而餐桌短邊更會擺放不同高度或形式的餐椅，表達空間趣味。

1		
2	3	4

1當空間的背景屬於深色系，家具的顏色必須比之更重，始能平衡空間感官的輕重，代表整體風格的三人沙發，選用釘釦皮革詮釋舊時光的韻味；擔任吸睛角色的單椅，以俐落的現代設計達到搶眼效果。●home01 p.032　**2**厚實的沙發、椅腳線條繁複、板車改裝的桌几，雖然風格語彙不同，但使用相近色系，而顯得融合。●home10 p.162　**3**歐式家具除了尺寸較小，還會琢磨在小細節上，譬如在椅腳加裝小輪子等。●home05 p.090　**4**軟墊座椅有一定的視覺分量，搭配穿透的椅背設計，讓整張餐椅輕巧不少。●home07 p.118

material · 軟件佈置

Fabric 織品

［棉麻織品＋局部跳色　純粹空間裡的輕妝點］

在歐美風格空間講求空間的純粹之下，大面積的織品也可歸於質樸，以棉麻或大地色為主，並少量選用繽紛或圖騰色彩的抱枕或單椅做為跳色，不失為空間裡的優雅點綴。

point 1

大地色系與棉、麻織品，留給空間純粹調性

為了維持空間的簡單調性，大面積的織品如窗簾與沙發布，色彩上會以素色或大地色為主，材質上則會選擇豐富有層次的織法，其中以棉、麻材質最能表現純粹、乾淨的風格質地。

point 2

多彩或圖騰抱枕，點綴局部空間

抱枕可以用在沙發或窗邊臥榻等位置做局部跳色。想要強調空間的衝突美感可選擇沙發或座椅的對比色或圖騰圖案；也可以在訂製沙發時挑選相同織紋但色彩較深或較淺的抱枕，讓空間呈現沉靜韻味。

point 3

塊毯比滿鋪地毯更適用於台灣

一般歐美風格空間常會使用地毯，增添溫暖的觸感，但考量到台灣氣候較為潮濕與擔心過敏源，可局部使用的塊毯就比全室的滿鋪地毯來得適合，清潔與保養也較為方便。

point 4

少量格紋、條紋、碎花，活潑家的層次

在大面積沙發多為棉麻布料或是皮革的情況下，旁側的單椅選擇就不必太過拘泥於素色或棉麻，反而可以適度地用較中性的格紋或條紋、較女性或鄉村風格的碎花布料，創造空間的多元層次。

1	
2	3	4

1即便空間中已有一道文化石牆做為風格焦點，其餘的立面雖不搶鏡但仍要維持質感高度，窗戶面選擇以透光窗紗跟棉麻質料的布簾做妝點，在不同層次中激盪出協調的美感。●home09 p.148　**2**運用色彩繽紛的抱枕與座墊，帶動空間的活潑氣息，刻意選擇多層次線條的圖騰與俏麗花色，強烈對比背景的沉穩低調，不但顯得熱鬧也更有個性。●home01 p.032　**3**在強調純淨無瑕的空間裡運用純手工製造的波斯地毯，營造出具異國情調的空間韻味。●home15 p.232　**4**在黑白基調所創造的時髦都會調性之下，一張黑白碎花單椅反而更能創造視覺焦點。●home03 p.064

material · 軟件佈置

—

Light 燈飾

［霧面燈罩＋燭台吊燈　低調中見復古華麗］

燈具是空間中畫龍點睛的角色，種類多元也容易入手，更能創造情境氛圍。最常使用的是立燈、桌燈、吊燈與壁燈。至於風格形式的選擇，簡單來說，可以由燈罩和支架的材質來判斷。

---

point 1
立燈拉高視覺高度；桌燈提供放鬆氛圍

立燈與桌燈最常用來與沙發或單椅搭配。桌燈可以提供各個角落的閱讀照明需求，同時營造放鬆的氛圍。立燈則通常放在座椅的其中一側，除照明外，更能拉高空間的視覺高度。

point 2
霧面燈罩、鑄鐵支架，質樸卻百搭

一般來說，霧面燈罩較能營造低調的氛圍，而亮面燈罩則能形塑時尚的調性，兩者交替使用，更能創造家的豐富度。若是空間風格偏向溫暖鄉村風，那麼布罩燈或是鐵架較粗的燈具最為適合。

point 3
小巧壁燈對稱擺放，製造秩序美感

線條略為古典且小巧的壁燈，用在走道兩側或端景，壁燈照亮牆面產生了膨脹效果，可以消弭廊道的冗長；用在書櫃立柱、掛畫、書櫃上方、洗手檯鏡面兩側的話，透過對稱排列，還能創造秩序美感。

point 4
用吊燈創造空間風格主視覺

吊燈，是空間的主要視覺，為每個區域塑造焦點。在客廳或餐廳空間，我們常用燭台吊燈取代華麗的水晶燈，營造低調復古和貴族感。懸吊的高度越低，聚焦與聚光的效果越明顯。

	2
1	3
	4

1掛畫燈除了裝在牆上打亮畫作,也常用在書櫃上方;提供取書照明的同時,還能賦予整座書櫃知性美,營造中世紀圖書館的味道。在沙發與單椅之間擺盞立燈,光線經過折射後變得自然舒適,布燈罩也使光源更加柔和。●home13 p.200　**2**在玄關裝上一盞燈,可以型塑玄關的區域性,消弭小區塊或長條型空間的狹隘觀感,凝聚視覺焦點,也提昇空間亮度。●home01 p.032　**3**壁燈照亮牆面,走道自然被拉大,而鑄鐵油燈的造型,宛若置身歐洲街道,賦予空間異國情調。●home13 p.200　**4**燭台吊燈繁複的線條造型與多盞小型燭台,同樣能營造有如水晶燈的華美感受,創造視覺焦點。●home03 p.064

material · 軟件佈置

———

Flowers & Plants 花草

[球狀花藝＋多葉植栽　家的第二個色彩亮點]

植栽與花藝是打造歐美風格的加分元素，能提昇空間的溫度、調節緊張的生活步調，空間會因此瀰漫悠閒愜意的氣息，甚至改變空間的單調氣色，變得生意盎然、鮮艷亮眼。

point 1
植栽綠意製造視覺層次與溫度

若空間的家具線條低矮，透過有高度的植栽能拉出整體空間的線條層次，不僅為空間製造鮮明的層次美感，繁茂的綠葉中性色彩也容易融合於各式空間裡，增添家的溫度。

point 2
角落、檯面多處擺放，隨處皆可營造綠意

大型植栽多半放在角落，以不影響行走為原則，而小盆栽跟花藝多放在桌面檯面點綴，以「多處擺放」的原則，放置在家中的各處平台，讓家處處有生氣和小驚喜。

point 3
花束選擇「繽紛多色、多球面」

運用植栽、花藝的原理與抱枕相同，當空間體屬於暗色時，花束選擇顏色要「繽紛多色」，量體要是「一小叢一小叢、由很多小花組成的多球面」，製造聚焦的效果。

point 4
大型植栽以「綠葉繁茂」為主

植栽的選擇上，不強調植物的形體與枝幹的線條，也不重視盆景藝術，大型植栽多半選用綠葉繁茂的橄欖樹與鵝掌木；擺放在廚房的小盆栽則常選擇香草類或多肉植物。

1		
2	3	4

1 家具的線條低矮，可以讓視野變寬闊，透過有高度的植栽能拉出整體空間的線條層次。在角落的鵝掌木不僅為客廳製造鮮明的層次美感，繁茂的綠葉也和家具色彩相融合，讓空間多了生氣與溫度。●home04 p.078　**2** 花草是營造綠意、妝點自然的重要角色，可以存在於窗台、吧檯、角落，創造生活情趣。●home02 p.048　**3** 混搭的花種以及強烈的顏色，由一小束合成一小團，製造多種層次的視覺效果。●home01 p.032　**4** 在玄關擺放橄欖樹，不但界定出區塊屬性，從一入門即可見放鬆休閒的居家調性。●home15 p.232

Part

2

家的設計提案
SPACE

Chapter1
時髦雅痞 Modern&Discerning

Chapter2
迷人優雅 Charming&Elegant

Chapter3
復古混搭 Antique&Mix

Chapter4
溫暖可愛 Warmth&lovely

以復古家具、人字型拼貼地板、大理石壁爐、金屬書架，構築現代又復古的英倫風居家。

灰藍底蘊 & 復古老件
老屋裡的英倫風大人味

意外找到這間極老的房子，但就是它的老，
讓我們藉著老舊的底蘊，將我們對家的想法一一實踐。
等了半年的雕花繁複大理石壁爐、訂製而來的金屬書架，
接納飽滿光線有著採光罩的餐廳、工法不易的人字型拼貼地板，
體現在台灣也能像住在國外的居家夢。

Bathroom・cabinet
鍍鉻把手

❽
Bedroom・floor
短毛塊毯

Bathroom・wall
燈籠馬賽克磚

❼
Bathroom・wall
銀狐石材馬賽克磚

Bathroom・floor
蛇紋石馬賽克磚

Kitchen・floor
黑白根石材馬賽克磚

全室・Wall
踢腳線板

❻
Kitchen・floor
艾米亞印花磚

⑤
Living room・floor
胡桃木實木地板
V字型拼貼地板

④
Bathroom・floor
卡拉拉白大理石

❶
Bedroom・wall
Stratosphere

❷
Bedroom・wall
Wilton Blue

❸
Living room・wall
Evening shadow

風格素材計劃 I
Stylish plan

Color

❶ 藕色 主臥壁面選用藕色，回歸祥和日常感。
❷ 淺藍色 迎合成長中的小孩的活潑氣息，小孩房選用藍色壁面帶來活力。
❸ 灰藍色 灰藍中帶著紫色的壁面，屬於偏陽剛的色彩，將現代與復古融合得恰到好處。

Material

❹ 卡拉拉白大理石 室內大量運用卡拉拉白大理石，廚房、主臥衛浴都可見到蹤跡，以點綴手法帶來些許奢華。
❺ 胡桃木實木地板V字型拼貼地板 刻意不另外上漆，只上油，保持原木質感。
❻ 艾米亞印花磚 廚房靠爐具的地面為了好清潔，鋪上印花磚，營造像地毯的視覺感。
❼ 銀狐石材馬賽克磚 浴缸主牆特別選用亮面與霧面交替的馬賽克磚，製造波光粼粼的視覺效果。

Furnishing

❽ 短毛塊毯 臥房為歐式古典基調，為呼應單純的背景，選用米黃色塊毯，增加空間溫暖感受。

風格素材計劃 2
Stylish plan

———————— Furniture ————————

❾ **工業風吧檯椅** 傳統經典的款式，線條呈現較為簡單，銀色中帶有些許霧面金屬，適合用來襯托深色牆面。

❿ **Serge Mouille 不對稱吸頂燈** 空間規劃上希望帶有古典風格，利用不對稱的燈具與古典風格製造出兩者在空間上的微妙平衡。

⓫ **Artemis 探照式立燈** 帶有時代感的立燈，與其它現代造型的家具物件區隔，呈現出充滿歷史感的居家氛圍。

⓬ **皮革紋理茶几** 特色在於茶几本身塑造出非桌體的感覺，表面特別縫製了皮革紋理，平時也可做為腳凳或矮凳使用。

⓭ **Chesterfield 英式皮革釘釦沙發** 經典款英式風格沙發，表面縫製的釘釦讓整體看來分量十足，也讓空間散發些許老式氛圍。

⓮ **Ralph Lauren 麂皮扶手單椅** 用單椅襯托出跳色的搭配，現代簡約的設計，與整體空間中古典與現代並存的風格相呼應。

❾
Kitchen
工業風吧檯椅
by DWR

❿	⓫	⓬	⓭	⓮
Living room **Serge Mouille** 不對稱吸頂燈	Living room **Artemis 探照式立燈** by 麗居	Living room **皮革紋理茶几** by 湳開	Living room **Chesterfield** 英式皮革釘釦沙發 by 湳開	Living room **麂皮扶手單椅** by 麗居

Home Data

台北市・中古屋
大樓・24坪
屋主夫婦和1子・室內設計師

入門前得先走過一條細長走道，
穿過玻璃燈罩緩緩吐露的光芒，頗有風情。

01
home

老屋、老件家具、灰色調
展現時尚復古風

身為室內設計師，在裝修自己的房子時可以盡情揮灑，許多風格手法都能大膽運用，讓平時鮮少落實的設計想法都能在自己家中付諸實現。

這老房子原來是間毛胚屋，前屋主打算重新整修再販售，於是全面拆除室內空間，讓我們省了拆除步驟。整棟大樓規劃一層一戶，從電梯口到入門處均屬於該層屋主可以運用的空間，這樣的環境條件能夠讓家的風格擁有完整性，於是我們的設計從梯廳開始進行，與室內的設計風格彼此呼應與延續，加深空間的風格印象。

濃厚復古氛圍的時尚感

　　這個房子從買屋到設計完工，足足花了三年的時間，因為我們對這個新家有著許多期待，很多東西不透過等待又無法得到，像是客廳的卡拉拉白大理石訂製壁爐，是當初去法國旅行看到的類似作法，回來後便自己畫圖設計，與師傅討論、修改，花了半年的時間才完成。除了等待東西到位，我們也使用了許多在其他案例較看不到的風格語彙。

　　客廳書櫃即跳脫一般木作櫃的手法，改以特別訂製的金屬架形式，為老舊的房子注入活力與現代感。此外，也選用銀匠設計師serge mouille的三臂蜘蛛燈做為客廳主燈，如藝術品般的特殊外型，引人注目。三支獨立的燈臂採用非等長的設計，可以自由調整向上、向下與斜向的光線角度，展現豐富的光源變化，刻意讓古典空間融入現代元素，在充滿對稱語彙的客廳注入一股不平衡的設計張力，與復古懷舊的空間氛圍相映成趣。地板採用人字型拼接手法，很自然地展露出歐式復古風情。斜紋走向為空間營造律動感和秩序美，而且能化解小坪數空間的侷促，展現歐式風格的大器度之外，更道出著重於空間細節的美好。

1 英式拉釦皮革沙發、角落的懷舊探照燈，以及帶著優雅感的灰藍壁面，處處烘托著歐洲貴族的氣韻。2 量身訂製的金屬書架，為一整面深灰藍色的牆面注入輕盈，光亮的質地也突顯質感。3 堅持在大理石上雕工做出壁爐，才讓製作期變長，足足等了半年之久。

餐廳除了延伸客廳的灰藍
色壁面外，廚具選用純黑
色，突顯都會個性。

Judy's Kit

1 廚房工作區使用磁磚做地毯拼花，除了方便清理，開放式空間透過不同的地坪材質也間接區劃使用場域。2 面對採光不足的廚房，與其相鄰的餐廳使用採光罩能大幅度地引光，也製造空間延伸感。3 在全黑的廚具背景之下，選用具金屬質感的銀色椅凳，強化暗色空間與金屬材質的衝突美感。

對於家具選擇，為了顯現復古氛圍，特別選用英國Chesterfield sofa皮革沙發與圓形茶几，比起一般常用的長形桌几，多出幾分圓融意象。再搭配復古造型的黃色細絨沙發，其金屬扶手與同樣具金屬質地的書櫃相互呼應，在暗色系的空間跳出光亮材質，一方面讓古典與現代共存，也表達新舊交融的概念。空間壁面以灰藍色為定調，留白的部分不做任何裝飾，留給空間純粹，讓各項家具細節得以漂亮彰顯。

tips.1　中島廚房適合什麼樣的抽油煙機？
開放式的中島廚房在抽油煙機的選擇上，應特別注意造型、色彩和效能。深色調廚房可以選用黑色或黑灰色；淺色調廚房則可用不鏽鋼的原色。一體成型的漏斗式排油煙機，在造型上較為俐落，清洗上也比較容易。效能的部分，則視廚房的大小而定，一般兩坪左右的廚房，可選擇功率120瓦的機型，空間越大，所需要的功率數也越大。

Judy's Kitchen

tips
1

2

3

Judy's Kitchen

陽光餐廚 是全家人的最愛

　　因為喜歡烹飪,廚房是我們全家人的生活核心,家人的互動也都由此發展堆疊,刻意將廚房設定在公共區域的中間點,以此串聯餐廳與客廳,家人的情感也在這L型動線上自然流動。

　　在廚房用色上,使用全黑廚具搭配白色大理石,塑造都會感。餐廳緊鄰著廚房,以採光罩和大面窗接納最飽滿的光線入內,是全家最常待的角落。採光罩和大面窗框皆漆以黑色,對應具法式鄉村風格的白色大木桌和黑色溫莎椅,和臥榻上的繽紛抱枕,為空間注入放鬆與休閒的調性。另一個表達個人風格喜好的地方則是在主臥空間,藉由俐落的英式四柱床展現經典尊貴的氣息,使設計單純的臥房有了主角,同時對應線條簡單的邊几與單椅,優雅靜謐不言而喻。特別選用經過簡化的柱體造型,不但不會造成壓迫,延伸向上的線條也讓空間視覺顯得高挑。

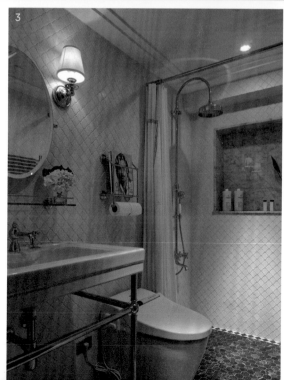

1 餐廳窗外的樹景是我們特地栽種的風光，一方面讓室內多些綠意，也可以遮蔽與對面鄰居的視野。2 利用玻璃馬賽克磚搭配典雅水晶壁燈，衛浴空間呈現淡淡法式情懷。3 主臥衛浴分別在牆面與地面使用黑白對比的風格磚，個性之餘透露出低調奢華。

1 背景單純的主臥，透過造型特殊的四柱床增添了
不少風味。2 小孩子臥房特別設計一面黑板牆，展
示和保存孩子的美術作品。

> **tips.2　窗檯下方以層板取代櫃體**
> 為了節省空間，窗檯下方不另外
> 購買或訂做櫃體，而是裝設層
> 板，可以幫助孩子收納瑣碎的小
> 物，像是玩具、繪本，層架最下
> 方則是籐籃，正好可收納較大型
> 的雜物。

你也可以這樣佈置！

DO THIS ╱ **1**

為心愛的廚房掛上專屬招牌

對於愛料理的女主人來說，廚房就是
家中的專屬基地。於是我們在廚房的
上方掛了個牌子「Judy's Kitchen」，
從國外訂製的金屬板材質加深風格質
感，也展現空間的趣味性和生活感。

DO THIS ╱ **2**

在角落處適當地營造端景

其實居家最美的地方，不一定是整體大空
間，反而是隨意的角落空間，有著小小的美
好。在轉往房間的拱門前，刻意擺放了一張
椅子和一盆植物，搭配牆面的畫作，角落風
光簡單卻甜美。

DO THIS ╱ **3**

大處低調，小處繽紛的色彩搭配

當全室定出大面積的主色之後，就可以在局部
面積點綴對比色做出跳色，豐富視覺層次。空
間主調設定在灰藍色，所以選擇深粉、土耳其
藍、深灰、淺藍等抱枕顏色，且用多彩的團狀
花束，在低調色彩中創造繽紛意象。

中島廚房＆雙書房，
重現兒時回憶的美式居家

曾久居於美國的屋主，對於美式居家再熟悉不過了。
有了新家之後，自然希望延續這份對家的舊有記憶和完成對家的期待，
於是女主人夢想的中島廚房用來串聯家人的情感；
男主人擁有一方小天地得以工作與休憩，獨享個人時光。

刷黑木作玻璃窗框輕巧阻隔
了客廳和書房，空間層次就
此分明，品味存在其中。

風格素材計劃 I
Stylish plan

——— Color ———

❶ **奶茶色** 書房的大片立面為白色書櫃，樑柱則選用比白略深的奶茶色，展現空間層次。

❷ **水藍色** 白日的水藍看起來舒爽，夜晚的水藍則多了分優雅，日與夜展現不同空間風貌。

❸ **湖水綠** 輕巧的湖水綠，活潑中帶著綠色獨有祥和感，非常適合兒童房使用。

——— Material ———

❹ **石材馬賽克磚** 局部點綴，創造歐風典雅的輕鬆家居感。

❺ **黑白六角馬賽克磚** 營造Loft氛圍，帶出風格。

❻ **黑色水波紋釉面手工磚** 不同於一般平面釉面磚，立體紋路帶出質感。

❼ **橄欖綠廚具門片** 霧面鋼琴烤漆，營造低調質感。

——— Furnishing ———

❽ **滿鋪地毯** 男主人書房、主臥皆使用大面積的滿鋪地毯，增添柔軟觸感。

全室・ceiling
天花線板

❻
Bathroom・wall
黑色水波紋釉面手工磚

Living room・wall
白色文化石

Kitchen・廚具門板
砂白Sand white

❽
Bedroom・floor
滿鋪地毯

❼
Kitchen・廚具門片
橄欖綠 Hawthorne Green

Living room · wall
Feunessee Haze

Study · wall
1
Fossil Grey

Bathroom · wall
2
Aqua Chintz

Bedroom · wall
Mild Wind

Bedroom · wall
3
Clear Sailing

全室 · cabinet
仿古銅把手

Bathroom · wall
20×20水波紋磚

5
Bathroom · floor
黑白六角馬賽克磚

Living room · window
捲簾

全室 · door
門片線板

Living room · window
白色竹百葉

4
Bathroom · floor
石材馬賽克磚

Bedroom · wall
黑色黑板漆

Kitchen · floor
30×30復古磚

Bathroom · 檯面
卡拉白大理石

Hallway · floor
30×30復古磚

風格素材計劃 2
Stylish plan

――――――― **Furniture** ―――――――

❾ Original BTC吊燈 英國品牌燈具，復古又具工業風性格，選擇黑色燈罩，營造英式懷舊風。

❿ 工業風立燈 線條簡單的立燈，可調整高度，除了當做閱讀燈，平日也可做為擺飾。

⓫ 深灰長型沙發 形體較大且線條簡約的沙發，為呼應週邊隔間框架與門片的深色系，選用深灰色做為平衡。

⓬ Anthropologie仿舊吧檯椅 全新品仿舊設計，綠色座墊椅面呼應綠色廚具和牆壁，維持一致調性。

❾
Kitchen
Original BTC 吊燈

❿
Living room
工業風立燈
by K'space

⓫
Living room
深灰長型沙發

⓬
Kitchen
Anthropologie仿舊吧檯椅
by Anthropologie

Home Data

台北市・中古屋
大樓・48坪
夫妻和1子・金融業

為了隔出餐廳空間，於是做了玄關走道，
同時讓空間有種想一探究竟的感覺。

02
home

空間串聯獨立，
恰如其分、各得其所

每 個人對家的模樣，都有著期待。

　　屋主夫婦曾長居美國，美式空間對他們而言熟悉且親切，尤其是從小在美國長大的女主人，對美式空間內該有的元素甚是瞭解，應該說這早已是她習慣的空間風格。

tips
1

1 家具有將近一半是女主人和設計師一起上網搜尋國外網站挑選討論，遠渡重洋而來，帶著濃厚美式風格。2 房子因為採光好，不會因為家具的用色重而顯得沈重，搭配自然光空間瀰漫著舒適與溫馨。3 位在玄關旁的餐廳，三面環牆，讓用餐環境帶有讓人安心的隱密性。

公私區分的空間規劃 保留家人隱私

　　一個好的空間，不該只有美麗裝潢，空間動線更決定遊走其中的舒暢。動線大多依循著生活習慣浮現脈絡，依據期待設定空間面容。初期規劃上，屋主希望將公私領域做切割，即便家中有了訪客，都能保有著隱私。正好個案屬於長形空間，於是利用一條走道貫穿公私領域的設計概念，做為動線主軸。

　　結婚後夫妻雖然住在一起，偶爾總想獨處一會兒，於是屋主夫婦希望能擁有自己的書房。女主人因為需要照顧幼兒，書房的位置安置在客廳旁，鄰近公共空間。利用木作噴黑做成隔間門窗，黑色帶來工業

風的氣息，大片玻璃窗輕易望見外頭動靜，可掌握孩子在客廳的動態。為了增加空間靈活性，書房使用了折門，可以全部打開，變得通透，也可半折半開，視覺上較有變化性，使用上也較具彈性。

tips.1 **網路選購家具建議挑選熟悉的品牌**

這個案例的家具有些是屋主在網路選購而來，因網購無法看到實品，所以建議購買自己熟悉的家具品牌，以及特別留意家具的尺寸，先行仔細丈量是否符合空間。

巧妙動線，繫住家人情感

　　而男主人的書房，則與主臥、更衣室、主臥衛浴規劃在一起，藉由格局動線拉近家人間的連結關係，於是在走道的尾端，以雙開門做為這三個空間共通入口，書房在右，主臥在左，衛浴在前，巧妙地將三個空間串在一塊，同時創造了一進一進的視覺層次。而原本過長的走廊也因為挪做生活區域使用之後，減低狹長感受。

　　考慮到男主人工作繁忙，深夜回家接續加班不會打擾到妻子和孩子的睡眠，將書房設定為兼具男主人專用休憩區，規劃了工作桌與臥榻。有趣的是男主人從小渴望有個閣樓，原本希望在書房內能設計一個小閣樓，能窩到上頭休憩，可惜樓高即便較一般樓層高，也不足夠完成夢想。只好在書桌上增添一個需要攀爬樓梯才能拿取的收納空間，稍微滿足童年願望。

1 和客廳相鄰的書房，以木作噴黑加上透明玻璃隔間，女主人在書房也能清楚小孩動靜。2 即便是婚後，夫妻雙方仍渴望有私密時光。女主人最愛隱身在書房看看影集或上網，但同時又能關注家中一切。3 可依需求展開的玻璃折門，讓空間使用效應變得更多，多了些趣味。

tips.2 **以木作噴黑取代鐵件，效果更好**
門框選擇以木作噴黑的方式，而非使用鐵件，一方面考量到木條門框密合度較高，隔音效果比鐵件來得好。一方面鐵工的工種複雜，施工工期長，相對價格也較高，所以，若要營造優雅大器的氛圍，以木作噴黑取代鐵件，美感和預算都能兼顧。

廚房左側使用亮面磚，而一
旁牆面則使用霧面磚，兼顧
實用需求與美感對比。

tips

3

tips.3 **嵌入式冰箱，櫃門即為冰箱門**
選用德國品牌的嵌入式冰箱，冰箱可
以嵌入與廚櫃一模一樣的門板，讓冰
箱與空間融為一體，視覺更顯俐落。

1

擁有夢想的中島廚房

擁有中島廚房是女主人夢想，此空間因為整體格局方正且動線流暢，在這樣的條件下，我們特地規劃了中島檯面的開放式廚房。廚房不是一定非得要全白，有些色彩更能增添做菜樂趣。橄欖綠面板搭配廚房與餐廳的淺色橄欖綠，以及白色磁磚壁面，三種顏色堆砌著視覺層次，空間更顯豐富。冰箱則隱藏在櫃體內，與整體廚具完美結合，讓廚房視覺更具整體性。

小細節決定了空間整體面容，藉著不同配色，不同建材，搭配出了空間獨有語彙。更棒的是，屋主的夢想能在這空間實現，男主人有了能夠安靜工作與休憩的獨享小天地，女主人有了串聯家人情感的美麗廚房，一家人在這樣一個擁有共同生活的居所之中，也能享有各自獨立的空間，譜出幸福樂章一點也不難。

2

3

1 中島廚房的好處在於有雙檯面，女主人時常和孩子一同在廚房做甜點料理，享受美好的幸福時光。2 以白色為天花基底，樑柱則用較深色勾勒，創造空間層次與立體感。3 延伸的走道造就了視覺層次，壁面隨意掛上照片或壁畫，多了分優雅氣息。

1 主臥衛浴以白色堆砌空間視覺，配上黑色門框，一黑一白讓空間更顯出層次。2 客用衛浴的配色清爽，乾濕分離的作法讓乾區可以漆上涼爽的藍，使空間變得活潑許多。3 在兩坪的空間裡打造男主人的小天地，滿足收納、辦公與休憩的需求。

你也可以這樣佈置！

DO THIS / 1

英文名壁貼裝飾小孩房

深受美國文化影響的屋主夫婦，特地從美國的網站購買了孩子的英文名壁飾，裝飾在壁面上，透露著父母對孩子的愛。配合選購壁飾的顏色來定調牆面色彩，有助於讓壁飾字體更為立體聚焦，因此使用湖水綠背景來襯托深色字體，突顯了字母，視覺上更有層次。

DO THIS / 2

繽紛鍋具滿足下廚者的心

喜歡下廚的人，都會嚮往擁有各式各樣美麗的鍋具，像是來自法國的色彩斑斕鑄鐵鍋，不僅實用也好看，擺放在櫥櫃內都是個裝飾。不過廚具的收納櫃在規劃設計時，應該依循著主要使用者的身高，拿取鍋具時比較便利。

DO THIS / 3

手作花布旗拼接了溫暖

女主人利用碎布拼成旗子形狀，裝飾在書房內，略帶美式鄉村的氣息，增添了空間溫暖。開放式書櫃不一定非得擺滿了書，買些適當大小的籐籃放在書架頂端，收納平時較少拿取的小物，且櫃子上有些籐籃，模樣也溫馨。

姐妹淘最愛，
單身女子的黑白摩登宅

崇尚法國女人美麗、自信、優雅於一身的單身屋主，
一開始就想到了用黑白兩色為空間定調，為了呈現道地的都會風格，
更是從國外訂購家具、傢飾運回台灣，打造一個人住時自在舒服；
與姐妹淘相聚時熱鬧歡愉的黑白摩登宅。

整個屋子的家具都直接從
美國運送來台灣，展現最
道地的都會居家風味。

Living room · window
棉麻混色窗簾
⑦

Bathroom · wall
卡拉拉白大理石

Bathroom · wall
釉面立體磚

Kitchen · wall
10×10 水波紋釉面磚

風格素材計劃 I
Stylish plan

——— Color ———

❶ **淡綠色** 臥房的淡綠色彩，展現優雅而柔美的空間調性。

❷ **奶茶色** 以奶茶色做為中間色，平衡黑白對比的空間基調。

❸ **藍色** 客房空間較小，藍色能帶來輕鬆感，無形之中放大空間感。

——— Material ———

❹ **狗骨頭造型混貼馬賽克磚** 衛浴地板選擇黑白相間的馬賽克地磚，與綠色牆面形成視覺差異。

❺ **超耐磨田園綠地** 空間屬狹長型，以斜貼方式鋪設地板，具有放大空間的效果。

❻ **白色廚具面板** 廚房檯面下的壁板，略帶鄉村風格，製造休閒又帶點慵懶的空間氛圍。

——— Furnishing ———

❼ **麻質窗簾** 雅致的織紋和大地色系不僅百搭，更能稱職地做為配角，烘托空間的質感。

④
Bathroom · floor
狗骨頭造型混貼馬賽克磚

Bath room · floor
白色霧面六角馬賽克磚

全室 · wall
踢腳線板

Living room · window
紗簾

Bathroom · wall
黑色釉面馬賽克磚

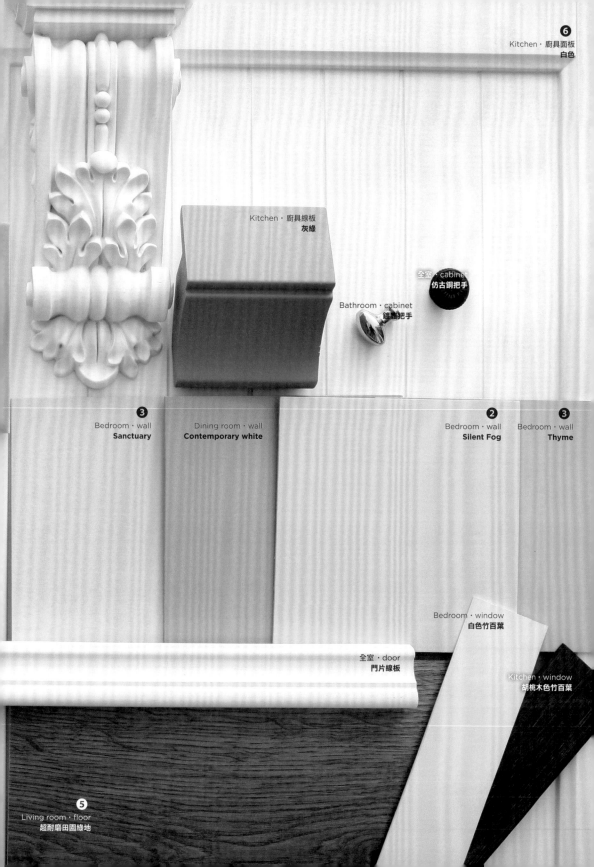

Kitchen・廚具面板
白色 ❻

Kitchen・廚具線板
灰綠

全室・cabinet
仿古銅把手

Bathroom・cabinet
鍍鉻把手

Bedroom・wall
Sanctuary ❸

Dining room・wall
Contemporary white

Bedroom・wall
Silent Fog ❷

Bedroom・wall
Thyme ❸

Bedroom・window
白色竹百葉

全室・door
門片線板

Kitchen・window
胡桃木色竹百葉

Living room・floor ❺
超耐磨田園綠地

風格素材計劃 2
Stylish plan

──────── Furniture ────────

❽ Redgrave Chair 女人椅 簡單素雅的布料，細節處透出淺粉色的花朵紋路，符合臥房的放鬆調性。

❾ Montana Pharmacy Floor Lamp 閱讀燈 燈座與燈罩的部分採用金屬表面材質，低調中帶點奢華感，適合做為臥房閱讀燈。

❿ Colin Chair 黑白格紋單椅 為了呼應黑白色調的居家設計，在不成套的沙發組合之中出現黑白格紋圖樣，展現時髦感。

⓫ Corbett Sofa 白色沙發 簡潔、厚實、座椅深度較深，具有放鬆又都會的個性，是美式家具的經典款。

⓬ Retro Photographer's Floor Lamp 落地立燈 大型的落地立燈，用來做為居家的間接光源，營造更明亮的生活空間。

⓭ Hartwell Chair 花樣圖騰單椅 厚實的花樣圖騰單椅，在明確的黑白色系之間，具備柔化空間的作用，形塑休憩放鬆的角落。

⓮ Burton Armchair 英格蘭梳背椅 結構簡單、造型現代，是 ETHAN ALLEN 的經典款。圓弧造型椅背能達到舒適和支撐的效果。

❽	❾
Living room **Redgrave Chair 女人椅** by 伊莎艾倫	Bedroom **Montana Pharmacy Floor Lamp 閱讀燈** by 伊莎艾倫

❿ Living room **Colin Chair** 黑白格紋單椅 by 伊莎艾倫 ＋ ⓫ Living room **Corbett Sofa** 白色沙發 by 伊莎艾倫 ＋ ⓬ Living room **Retro Photographer's Floor Lamp** 落地立燈 by 伊莎艾倫 ＋ ⓭ Living room **Hartwell Chair** 花樣圖騰單椅 by 伊莎艾倫

⓮ Kitchen **Burton Armchair** 英格蘭梳背椅 by 伊莎艾倫

Home Data

台北市・新成屋
大樓・26坪
屋主1人・上班族

餐廳的端景牆以相片牆以及活動矮櫃打造生活感，留白的設計讓空間顯得自由自在。

03
home

用黑與白詮釋
如法國女人般優雅空間

這 個房子雖然有著三面採光，但狹長型的格局加上有許多扇落地窗，
意味著能使用的牆面並不多。雖然可以利用裝修手法做出隔間，但
屋主一個人住，其實不需要太多房間，因此，我們讓公共空間以開放式設
計為架構，結合都會女子的風格，將整體空間定調為舒適放鬆又帶點慵懶
的居家氛圍。唯獨屋主需要的收納量較多，綜合需求及空間狀態，如何擁
有最大的收納效能，成了重要考量。

妥善規劃動線　增加空間容量

對於這長型空間的格局配置，我們分別利用一面牆把主臥與客房安置在房子的前後兩端，使其享有獨立採光。位於中間段的公共空間則以開放式手法整合場域機能，將客廳、餐廳、廚房安排在同一動線上，達到串聯與通透的作用。

規劃好空間動線的同時也解決了收納問題，由於室內享有三米六的屋高，於是利用這樣的高度優勢，在隔間牆的頂端設計

tips
1

櫃體，搭配軌道木梯展現層次。臥房則利用入口走道區塊做了夾層，上層是完整的大型儲物空間，底下是小更衣室；通往夾層的樓梯，每一階都蘊含收納空間，上掀的作法方便屋主拿取。

tips.1 **電壁爐，取暖又兼具觀賞效果**
一般的公寓住宅，沒有煙囪可排煙，如何安裝壁爐呢？建議可以選擇不用排煙的插電式壁爐。除了具備暖爐功效之外，其逼真的火焰設計，在視覺上也得到溫暖的意象。

以黑白色系為空間定調，選用格紋單椅、白色沙發和黑白地毯鋪陳公共空間。

黑白定調　優雅自信如法國女人

　　整個貨櫃直接寄回台灣。其中還包括磁磚、飲水機上的水龍頭、浴室內的配件等，由此可看出屋主對空間的絕對主張。

　　一如對空間的品味要求，屋主給人的感覺也如法國女人般美麗、自信又優雅，於是我們用黑白兩色為空間做定調。並著眼於家具物件的選搭，以黑白色系單椅、沙發、餐椅、餐櫃、地毯，包括相片牆等鋪陳公共空間，打造充滿時尚魅力的個性空間。

1 從電視櫃往左右延伸出充足的櫃體，因應屋主龐大的收納量，最上方雖然是開放式收納，仍可用各式藤籃將物品分類並隱藏。2 餐桌兩邊是兩張高背椅，與四張圓弧背椅相搭，好讓整體視覺不過於單調。3 偶爾邀約好姐妹到家中聚餐聊天，即使較少下廚，依然擁有機能完善的廚房空間。

tips
2

1 主臥擁有大採光面的優勢，
以實木百葉的窗框線板架構出
空間層次，百葉可調整引入的
光線，讓睡眠空間更加舒適。
2 因應空間高度，利用主臥的
走道區域規劃一處供收納使用
的小閣樓。3 妥善利用靠近天
花板的空間，成為可收納小物
的地方。

一個人住的美好時光

　　雖然是一個人住，但特別鍾情於木質大桌，加上時常邀請姐妹淘到家中聚會，屋主還是準備了六人座的寬敞餐桌，滿足待客和起居的生活需求。也特別將角落空間做為客房使用，因為面積不大，空間背景以白色定調，達到放大空間的效果。客房靠牆壁處有根大樑，為了遮蔽大樑帶來的壓迫感，依循著大樑位置規劃衣櫃，而上方多出來的空間，規劃小閣樓做收納，空間小卻機能俱全。單身女子的黑白時尚

宅，適合一個人自由放鬆，也能容納好友相聚時的熱鬧歡欣，時時刻刻皆美好。

> *tips.2* **窗檯下和狹縫中的收納櫃**
> 在窗檯下和窗檯之間，順應著建築體外凸的牆面設置收納櫃，不但分隔多，易於分類，且容易拿取，是充分運用空間坪效的櫃體作法。此外，也特別選擇白色線板櫃門，呼應臥房放鬆柔美的調性。

1 浴室運用大面長鏡拉寬視覺，延伸自洗手檯的石材檯面，同時滿足盥洗與梳妝需求。2 衛浴地面選用狗骨頭造型混貼馬賽克磚，與一般的黑白馬賽克磚相比，多了一些編織感，增添質感細節。3 客房規劃除了基本需求，特地設計具吸鐵功能的書桌壁面，創造趣味性也提供未來轉為小孩房的可能。

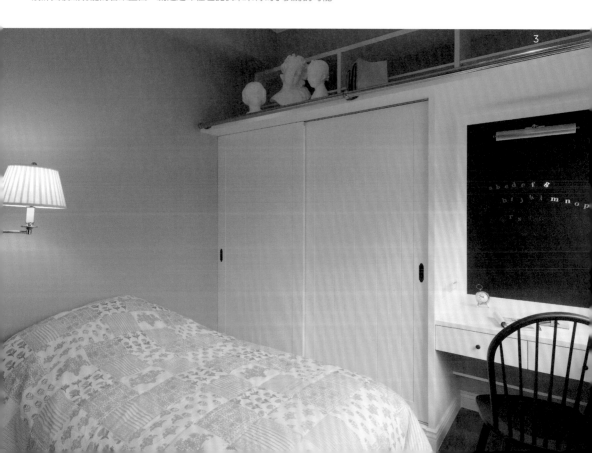

你也可以這樣佈置！

DO THIS／**1**

藤籃取代櫃體抽屜，實用又美觀

開放式的櫃體若要擺放較不常用的物
品，該如何收納？建議可以選用各式
大小藤籃搭配使用，不僅可以取代抽
屜的形式，在沒門片的狀況下，或深
或淺的大地色系看起來也美觀。

DO THIS／**2**

一面會說話的相片牆

在空間留一面牆面，如走道牆面、餐櫃上方
牆面，拼貼擺放畫飾、相片，打造出空間的
主題牆。相（畫）框的選擇，除了同平面的形
式，還有可以前後立體擺放的現成框飾，讓
相片牆更顯層次。有些成套販售的相框組，
還會附上多樣排列組合的說明書，提供使用
者自行 DIY。

DO THIS／**3**

選購家具時把畫飾一起買回家

在空間掛畫常有畫龍點睛之用，但什麼空間適
合什麼樣的畫飾呢？建議臥房空間可用花草、
鳥類、蝴蝶等圖案；廚房或餐廳則可用蔬果等
圖案掛畫。有些家具店也販售畫飾，在選購家
具時可一併挑選風格一致的裝飾品。

經典設計家具豐富空間表情

因為某一次旅行,而遇見經典設計師椅的屋主,
當下體會原來椅子可以如此舒適,因而開始研究起設計家具,
當有了將舊屋翻新的念頭,立刻就設定好家具選擇,
空間設計則回歸最純粹、留白的狀態,讓滿屋的好家具更加突出

以低調純粹的開放式空間
為基底，突出經典設計家
具的形與美。

❶

❷

❸

風格素材計劃 I
Stylish plan

Color

❶ 粉紅 為年幼女兒以童趣粉紅打造夢幻臥房。

❷ 霧綠 清爽而淡雅的霧綠，勾勒出臥房放鬆的休憩環境。

❸ 灰白 帶點灰的白色，鋪陳整個公共空間，單純色彩突顯家具的美。

Material

❹ 綠色黑板漆 有磁性的黑板漆，可書寫可吸附小東西，增加生活感。

❺ 白色文化石 增添些許 Loft 風，同時維持壁面色彩單純。

❻ 橡木洗白寬版海島型實木地板 寬版地板展現空間大器氛圍。

Furnishing

❼ 彩色條紋布簾 和粉紅色牆面色彩相呼應，視覺協調。

❽ 酒紅沙發皮革 酒紅色皮革單椅，象徵主人獨到的品味。

❾ 深咖沙發皮革 深咖啡色系的柔軟皮革，形塑視覺質感。

❼
bedroom · window
彩色條紋布簾

❾
Living room · furniture
深咖沙發皮革

❽
Living room · furniture
酒紅沙發皮革

❺
Living room · wall
白色文化石

Kitchen・廚具面板
灰棕 Authentic

④
Bedroom・wall
綠色黑板漆

全室・ceiling
天花線板

Bedroom・window
白色竹百葉

Kitchen・檯面
純白人造石

Kitchen・door
不鏽鋼把手

Dining room・window
棉麻窗簾

⑥
Living room・floor
橡木洗白寬版海島型實木地板

全室・door
門片線板

Hallway・furniture
木作櫃體

全室・wall
踢腳線板

Dining room・furniture
實木餐桌

風格素材計劃 2
Stylish plan

─── **Furniture** ───

❿ **Flexform Livesteel Sofa沙發** 黑色皮革三人座沙發，外型低調又具個性，無論是歐洲古典或現代簡約，都能融入，包容性十足。

⓫ **Poet Sofa詩人沙發** 椅背兩側的尖角造型結合圓潤的線條，宛如紳士般堅定而溫柔的環抱意象，無論坐臥或倚著扶手都能得到舒適的包覆感。

⓬ **可翻轉式電視櫃** 客廳與餐廳為開放式空間，特別選用可翻轉的電視櫃做為兩空間的中介，兼具機能與美感。

⓭ **PK20™ Easy Chair休閒椅** 不鏽鋼架與皮革的完美結合，形成極簡美學，適合與低矮沙發搭配。

⓮ **AJ吊燈** 出自丹麥設計大師Arne Jacobsen的燈具作品，採用圓弧燈罩，能與各式風格相融。圓頂部分有著階梯狀的摺紋，讓燈光投射更具層次。

⓯ **Eames單椅** Charles & Ray Eames夫婦於1956年推出的經典椅款，以塑合板（Plywood）做為板身，邊緣透出層層木質紋路，表層包覆柔軟皮質。

⓾
Living room
Flexform Livesteel Sofa沙發
by 晴山（獨家代理）

⓫
Living room
Poet Sofa詩人沙發
by 北歐櫥窗（獨家代理）

⓬
Living room
可翻轉式電視櫃
by Desalto

⓭
Living room
PK20™ Easy Chair 休閒椅
by Fritz Hansen

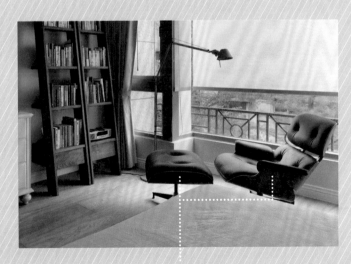

⓮
Dining room
AJ 吊燈
by Louis Poulsen

⓯
Bedroom
Eames 單椅
by Vitra

Home Data

台北市・中古屋
大樓・26坪
屋主夫婦和1子1女・資訊業

玄關擺放著美麗的櫃體，一入門就用
極致的優雅迎接著歸來的人。

04 home 空間就是
經典家具的背景

屋　主決定將老屋翻修之前，對於家
　　的輪廓就已有明確構想──讓設計
家具成為家中的主角。原來是某一年屋主
到日本旅行，在飯店遇見一張經典款的設
計師椅，體驗到一張設計師的椅子，不但
獨特的造型能夠擄獲目光，合乎人體工學
的貼心設計更是讓人一坐就不想起身，就

此進入研究設計師家具的世界。接觸許多
特別的家具設計後，也開始不由自主地對
空間、建築有了更多了解和想法。因此，
和常見空間裝修的流程相反，我們反向思
考如何透過設定好的家具計劃做為空間主
軸，進而安排每個場域之間的獨立與相容。

整合公共空間 凝聚家人情感

　　除了先買家具再進行空間設計之外，屋主提出了一個期望能達成的夢想，他希望家中的每個角落都能讓家人想要駐足停留，坐下來看本書或是聚在一起、聊天說話，呈現隨意自在的居家氛圍。

　　於是我們把公共空間調整到最舒適的狀態，讓家人願意一起待在這裡看書、談心，和樂輕鬆地相聚。開放式的廚房藉由吧檯來跟餐廳對話，客、餐廳之間以雙機能的電視櫃區劃場域的屬性，置中且不做到頂的量體設計，製造出回字型動線，間接融合客餐廳，增加流暢的空間感，讓整體視覺顯得輕鬆自在。

1 可旋轉的電視櫃兼書櫃，讓空間多了更多彈性變化。2 選擇低矮度的家具，再用一盞落地燈拉拔整個空間的高度，坐臥其中就能放鬆心情。

1 拉大餐廳的空間尺寸，讓它成為屋主家人起居的重心，刻意放低圓燈的高度，照射一桌子溫暖。2 比一般木質地板大上4倍的特製地板，彰顯了空間的大器自在。3 原木大餐桌，以不同造型的餐椅做搭配，呈現一股率性生活氛圍。

好家具需要細膩的空間設計

　　當家具的選搭成為居家的主要精神時，空間設計便可以回歸最單純的空間本質，而簡單之中，更需要細膩的細節處理。像是客廳地板是特別訂製的，比一般尺寸大了約4倍，營造猶如石材般無接縫的大器度，又能享受木質地板的溫潤；壁面則維持乾淨單純，沙發背牆以文化石拼貼呈現，

而且還在文化石表面刷上白色乳膠漆，讓白色均勻分佈，以避免因為材質較為粗獷的因素導致壁面過於雜亂；不特別做天花板而將管線外露，微微注入工業風的設計語彙，同時拉高空間的高度，讓空間在與設計師家具相呼應之下，更顯張力。

有別於公共空間的純白色調，主臥採用淡雅的青草綠色，擺設具現代感的設計師單椅，營造全然放鬆自在的休憩空間。兩個小孩的房間均以他們喜歡的顏色來定調，男孩房是清爽的藍色，以黑板漆結合衣櫃門片，形塑活潑趣味的快樂兒童房；女兒房則為粉紅的夢幻色調，加入紅色與白色家具做為搭配，打造繽紛浪漫、能帶來好心情的睡寢環境。公共空間留白，私空間跳色，利用色彩給予空間層次和心情上的轉換。

1 俏皮的女兒房，以小女孩最喜愛的夢幻粉紅色鋪陳著整個室內充滿浪漫。2 品味隱藏在細節中，每件家具的線條簡約，卻將美感發揮得淋漓盡致。3 淡雅的青草綠，烘托採光良好的主臥房有著女兒自在放鬆的感覺。

你也可以這樣佈置！

DO THIS / **1**

不同品相餐椅，讓餐桌更豐富

像是餐桌椅不一定要同系列，利用不同形狀、顏色、材質，反而能搭配出一種活潑的混搭感，不侷限風格，空間更有自我。若是有小朋友的家庭，更可以找尋適合的兒童座椅，不但符合機能，可愛的色彩也可以做為空間跳色。

DO THIS / **2**

磁性黑板漆，備忘的好幫手

深色臥房寧靜沉穩，衣櫃旁的壁面塗上磁性黑板漆，塗鴉、備忘之間，都是一種生活感。黑板漆是近幾年來流行的漆料，有單純黑板漆，也有帶磁性的黑板漆。黑板漆不一定只有黑色或綠色，現在市面上也有販售不同顏色的漆料，像是黃色、綠色等，可依據喜好挑選色彩，不過磁性黑板漆的磁性效果較不那麼強。

05 ⊗ 迷人優雅 Charming & Elegant

home

在溫暖安心宅裡
有媽媽陪伴的甜蜜時光

女主人是位家庭主婦，空間的規劃蘊含著一位母親愛家的心，
她以媽媽的角色做為空間設計的主導，
一切以陪伴孩子為需求，將廚房、餐廳、書房結合成區，
讓家人在此共讀、共處，享受甜蜜時光。

細長比例的落地百葉窗與大面書牆成為家的美麗布景。

風格素材計劃 I
Stylish plan

——— Color ———

❶ 綠色 有著大片白色落地百葉窗的客廳，用綠色與之呼應，形成優雅的空間景色。

❷ 淺駝色 以淺駝詮釋主臥色彩，達成放鬆休憩的需求。

❸ 藍色 天空藍清爽舒適，適合用在男孩房。

——— Material ———

❹ 10×10復古磚 廚房壁面使用較大尺寸的拼貼復古磚，營造樸實溫暖調性。

❺ 木梯用實木栓木 大面書櫃前架上實木栓木材質的木梯，色澤較淺，可融合於各式風格。

❻ 踢腳線板 全室踢腳線板落在距離地面12公分的高度，貫穿室內，像是一種無形的風格延伸。

❼ 白色竹百葉 竹百葉的葉片輕薄，透光性好，白色系容易與空間搭配。

❽ 胡桃木色竹百葉 胡桃木色澤較深，適合與深色木作櫃搭配。

Living room・window
白色實木百葉

❶
Living room・wall
Artichoke Leaf

❼
Bedroom・window
白色竹百葉

❽
Dining room・window
胡桃木色竹百葉

Kitchen・檯面
純白人造石

Living room・furniture
沙發布料

Dining room · wall
Otter Brook

❷
Bedroom · wall
Spring Magnolia

Bedroom · wall
Viola

❸
Bedroom · wall
Blue Veil

全室 · door
門片線板

❹
Kitchen · wall
10×10復古磚

Bedroom · cabinet
古銅把手

Kitchen · wall
10×10復古磚

❺
Living room · furniture
木梯用實木栓木

❻
全室 · wall
踢腳線板

Living room · floor
超耐磨風采淺古

風格素材計劃 2
Stylish plan

───── **Furniture** ─────

❾ 灰藍布面沙發 造型厚實、線條簡單，偏灰的藍綠色系與牆壁的綠色為相近色系，賦予空間沉穩平和。

❿ 金屬材質立燈 低調而略帶現代感的立燈，適用於各式風格，是百搭的實用燈飾。

⓫ 古典雕刻女人椅 尺寸較小的單椅，是專屬女主人的閱讀椅，木邊細節處有著精緻刻紋，帶出復古與古典氣息。

⓬ 子母式三層式茶几 可以重疊且收納方便的多用途茶几，希望營造出隨興自在、變動性強且自由度高的居家空間。

❾
Living room
灰藍布面沙發
by 徠禮

❿
Living room
金屬材質立燈
by K'space

⓫
Living room
古典雕刻女人椅
by 歐洲跳蚤市場

＋

⓬
Living room
子母式三層式茶几
by 歐洲跳蚤市場

Home Data

台北市・新成屋
大樓・32坪
屋主夫婦和1子1女・上班族

一進門的玄關空間，利用格狀門窗望向
客廳，視野有所延伸，同時保有隱私。

05
home 以媽媽的需求為設計概念
家就幸福了

媽媽的角色負責照顧先生起居、料理孩子生活、以及了解全家人的需求，因此當家的設計圍繞在媽媽身上，待在家裡時間最長的她，比起任何一位家人都更能掌握空間與人的緊密關聯。

女主人是位家庭主婦，也很清楚自己的需求和習慣，因此整體空間規劃以女主人的需求為重心。十分重視家庭起居，加上孩子年幼，需要一邊做家事，一邊看顧孩子們。在空間設計之初，女主人就希望讓客廳、餐廳和廚房三個空間有較為密切的使用關係，並希望在餐廚空間加入書房，讓家人有個可以共用的閱讀區。

細長落地窗＋橫向木百葉 加大空間感

　　客廳空間所佔面積不大，又不希望玄關顯得太封閉，於是一入門就能透過玄關的格狀窗戶望見客廳。雖然格局不大，但利用一些小技巧就能讓空間顯得寬敞。譬如細長落地窗搭配實木百葉的長型比例設計，不但取代了傳統的大型窗簾容易帶來

的厚重感，實木百葉的橫向密度，無形之中開闊了空間。

　　因為生活習慣，一家人回到家總是喜歡待在餐廳與廚房，也許閱讀也許看電視，一邊陪伴女主人煮飯，然後一起用餐。因此家中主要的活動場域反而落在開放式餐廚，這也是我們讓餐廚空間享有較大坪數並且連結小

1 客廳捨棄電視牆,只以簡單的矮櫃替代,如此空間還能多出餘裕擺設鋼琴。2 素雅的橄欖綠壁面,搭配白色門框顏色,讓空間多些層次美感。3 為了彈性調節採光以及遮住窗外不美觀的視覺,使用百葉扇窗戶,可隨喜好調整扇面及光源強弱。

孩房與主臥的因素。

　　客廳與廚房之間以圓弧門框做為空間的過渡,同時將上方的結構樑修飾掉。廚房保留了原有的一字型流理檯,再新增中島吧檯,進而與餐廳區形成家的第二個起居空間,餐桌旁的長桌則可做為閱讀時使用,省去設立獨立書房的必要。

沙發的背牆是通往天花板的大
書牆。木質階梯可拿取最高處
的物品，也是空間的裝飾。

tips.1 **實木百葉窗的優點**
實木百葉窗可依據窗型大小選擇葉片
的尺寸，也能選擇有拉桿和無拉桿
式。與一般百葉簾相比，因它與窗框
一體成形，遮光效果較好。除了實木
材質，在浴室等需要防水之處，還可
以選擇ABS塑料材質。

tips
1

屋主自行選色　共同享受完成作品的喜悅

公共空間的配色沉穩而靜謐，橄欖綠結合深色木色，奠定了寧靜的空間氛圍，也讓一家人共處時能沉浸在安穩的綠色懷抱中。主臥和兩間小孩房也都保持最簡單的設計，僅利用色彩增添變化。房間的配色都是屋主一家人自行決定，主臥較為內斂，選擇溫暖的淺駝色，搭配純白色的實木百葉窗，簡約中展露品味。女孩房則是浪漫的紫色；男孩房則是男生一貫愛用的藍色。我們發現，屋主參與選色之後，會對完成的樣子充滿了期待，對於不斷微調而成就的樣貌，更是喜愛。這也是我們主張空間不一定只有白色的原因之一。

tips.2 **拱門造型，緩衝與界定**
運用拱門修飾樑柱，不僅賦予空間歐
洲建築的經典語彙，圓弧形狀也為空
間帶來柔軟的線條。另外，也能連結
兩空間，形成緩衝與界定。

1 將餐廳和書房結合，如
此一來女主人也能照顧到
孩子的學習狀況。2 廚房
總是有許多調味料瓶罐需
要收納，以中島為後備檯
面，另有一小處專門放置
調味香料醬料。

1 女孩自己挑選的紫色壁面，經過反覆調整，終於呈現令人滿意的結果。 2 男孩房漆上水藍色，與良好的採光讓房間顯得明亮活潑。 3 臥房以淺駝色為主調，散發溫潤柔美的空間情調。

你也可以這樣佈置！

DO THIS / **1**

玄關鞋櫃的生活佈置

小巧的玄關透過格子窗望去，是採光充足的客廳。鞋櫃上可以擺放生活照片或是應景的布偶，讓人有種緩慢進入主人生活中的微妙感受。

DO THIS / **2**

深色空間選畫以對比色為主

當空間中出現較長的走道，其壁面可以用來妝飾相片或掛畫，減緩經過過道時的冗長感。而深色空間的選畫原則，則以對比色為主，做為跳色使用，豐富空間的色彩。

深橄欖綠的沉靜空間，日光透過窗戶帶來了微亮，偌大的美式沙發、厚實的茶几，滿足著居住者的生活舒適度。

絕對靜謐，
凝聚五口之家的深色大宅

原本不符合家人生活的格局，如何透過設計師之手，
將太過分散的獨立空間，轉化為一家五口共同的生活場域？
隨著公領域自由開放、私領域各得其所的落定，
原本分散的房間，被緊緊串連起來。

4
Living room · cabinet
實木染胡桃木色貼皮

1
Living room · wall
Enchanted Forest

7
Living room · window
麻質窗簾

Bedroom · cabinet
銀貂木皮

Kitchen · 檯面
粗砂礫人造石

Kitchen · wall
水波紋釉面磚

Bedroom · wall
Legend Tan

2
Bedroom · wall
May Yellow

Bedroom · wall
Whistler

3
Bedroom · wall
Stormy Seas

Kitchen · floor
30×30復古磚

Bathroom · 檯面
波斯灰大理石

Hallway · floor
黑金峰石材馬賽克磚

6
Bathroom · floor
30×60米色板岩磚

Bathroom · floor
5×5板岩馬賽克磚

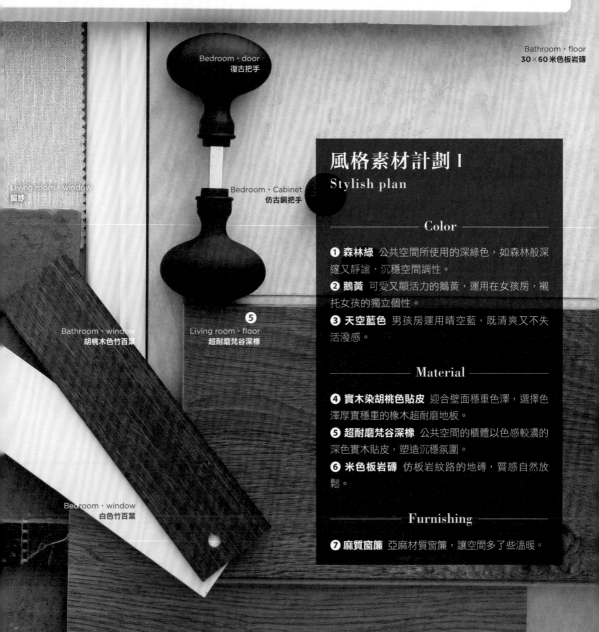

全室 · ceiling
天花線板

Bedroom · door
復古把手

Bathroom · floor
30×60 米色板岩磚

Living room · window
窗紗

Bedroom · Cabinet
仿古銅把手

⑤
Living room · floor
超耐磨梵谷深橡

Bathroom · window
胡桃木色竹百葉

Bedroom · window
白色竹百葉

Bedroom · floor
超耐磨田園綠地

風格素材計劃 I
Stylish plan

───────── Color ─────────

❶ 森林綠 公共空間所使用的深綠色，如森林般深邃又靜謐，沉穩空間調性。

❷ 鵝黃 可愛又顯活力的鵝黃，運用在女孩房，襯托女孩的獨立個性。

❸ 天空藍色 男孩房運用晴空藍，既清爽又不失活潑感。

───────── Material ─────────

❹ 實木染胡桃色貼皮 迎合壁面穩重色澤，選擇色澤厚實穩重的橡木超耐磨地板。

❺ 超耐磨梵谷深橡 公共空間的櫃體以色感較濃的深色實木貼皮，塑造沉穩氛圍。

❻ 米色板岩磚 仿板岩紋路的地磚，質感自然放鬆。

───────── Furnishing ─────────

❼ 麻質窗簾 亞麻材質窗簾，讓空間多了些溫暖。

風格素材計劃 2
Stylish plan

—————— **Furniture** ——————

❽ Townsend Recliner躺椅 ETHAN ALLEN
經典款躺椅，椅背可以三段調整：直立、半傾斜、完全後傾，滿足使用者閱讀或休憩的需求。

❾ Artemis吊燈 美國燈具品牌。運用金屬打造具新古典主義懷舊而典雅的燈身，並透過亞麻布料燈罩，散射出柔和寧靜的光線。

❿ Hastings Sofa三人座沙發 亞麻布面沙發在細節處有著釘扣裝飾，點綴高雅。

⓫ Triplde G5落地燈 西班牙燈飾品牌。以三根管狀金屬交叉做為燈架，減去沉重的底座，創造俐落簡潔的造型；搭配色彩鮮明的棉質燈罩，適合現代或古典的空間氛圍。

❽
Living room
Townsend Recliner 躺椅
by 伊莎艾倫

❾
Dining room
Artemis 吊燈
by 麗居

❿
Living room
Hastings Sofa三人座沙發
by 伊莎艾倫

＋

⓫
Living room
Triplde G5落地燈
by Santa & Cole

Home Data

台北市・新成屋
大樓・44坪
屋主夫婦和1子2女・公務員

利用玄關營造轉折感，白色鞋櫃搭配轉入客廳
的深色木作拱門，深淺之間拉出層次。

06 home 將過於分散的獨立房間
轉化成五口之家的生活空間

屋 主一家五口，需要四房兩廳的格局，加上物品較多，書籍也不少，
需要充裕的收納空間以及大書櫃。

　　建商原先的格局規劃讓房間太過分散且獨立，不合乎屋主對於家的期
待，他們希望家是全家人融洽相處、聯繫感情的空間，雖然孩子已成年，
需要有獨自的生活領域，然而重新改造的裝修過程，仍圍繞著屋主夫婦對
空間設定的想法——每個場域都要存在著緊密關係才能凝聚家人情誼。

以機能牽引光線 增加光源入口明高度

這間房子雖然擁有雙面採光，但和周邊樓房相隔較近，實際能進入室內的光線卻不多，面對採光不足且低樓層的空間，我們反向思考如何讓深色材質及色彩演繹出空間帶來的寧靜與層次感。光線存在面向的配置與分佈也是此個案的重要課題。

刻意利用窗邊的充分利用，將層次帶入主要空間，如琴房到客廳、廚房到餐廳，更衣室到單椅，或是書桌到床邊，這些光線的引入與小大機能的轉換，搭配選擇的風格家具與織品，都是讓空間充滿層次的重要關鍵。

緣起於屋主的喜好，整體空間挑選深色系，襯托屋主沉靜內斂的氣質。客廳旁的畸零房間規劃為琴房，讓音樂與陽光同時在家中彌漫，以玻璃折門做為隔間門，可以彈性處理琴房的開放與獨立，也不會阻礙光線在客廳的恣意流瀉。

> *tips.1* **畸零空間用折門淡化空間狹促感**
> 角落空間建議可使用玻璃折門，利用折門開啟閉合間的曲線，增添立體感，進而淡化空間的狹促。

1

1 在規劃4個大房間之後，所留下的公共空間只剩下全室的四分之一面積，於是利用開放式客餐廳、廚房，延伸視線範圍，放大空間感。2 位於客廳旁的畸零小房間享有充足採光，改成有著輕巧折門的琴房，將光線牽引入客廳。3 隱藏在壁面的收納櫃，利用與牆面同色做成隱藏櫃，簡化過於直截了當的收納櫃型體，影響空間舒適感受。

1

1 通往房間的走道，利用包樑手法壓低天花板，並加裝光源打亮走道，不致顯得壓迫。2 在規劃空間時，因應屋主有著龐大的書籍量，將書櫃安置在走道處，除了方便家中成員取放外，也成為走道風景。

公領域，深綠亮白延展深邃感

通往房間的走道上，有大樑橫亙，為了減緩樓板低而產生的壓迫感，採用木作包覆樑柱的手法壓低走道天花板，客廳和餐廳的天花板刷上白色，而走道壁面和天花板則刷上深色綠，無形中界定出區域；延伸到尾端的深綠像是一個暗示，指示著通往房間的路線，也讓人忘卻壓低天花板帶來的壓迫感。同時於走道面置入書櫃，賦予長廊另一個身分，以機能轉移過道的狹長感。

因應深綠壁面的厚重，空間所用的素材也佐以深色調，且在其中或增或減色彩濃度，做為空間立面的鋪陳。因為屋主擁有大量藏書，利用木作貼皮做電視牆結合書櫃；餐廳依循著腳步，也都挑選深色桌椅，維持視覺上的相似頻率。

> *tips.2* **天花與壁面同色 視覺一路延伸**
> 因為有樑柱不得不包覆，但正好利用壁面顏色區隔空間範圍，走道天花板和壁面統一用色，製造視覺一致性。

1

私空間，不同色彩各得其所

　　順著沉靜的走道邁向房間，各個房間依照喜好決定顏色，打開房門明亮的色系和走道形成對比。大女兒選用湖水綠，符合溫婉個性；活潑的小女兒則是鮮麗的鵝黃壁面；個性隨和的兒子，只要是藍色皆可，於是幫他選擇較有個性的藍色。當公共空間被統一成同色系，那麼私領域空間的色彩反而突顯著家中成員的個性，遊走不同房間像是切換了不同心情，就是色彩加諸在空間內的活潑語彙。

1 男孩房間的陽台納進空間後，改為書桌的位置。中性的藍綠色，佐以白色櫃體、檯面和書桌拉出空間明亮度。2 奶茶色壁面、白色衣櫃、立燈和格紋單椅圍圍出的舒適角落，簡簡單單之中吐露著風雅。3 活潑的鵝黃色空間，是小女兒的堅持，白日有著絕佳採光，照映著室內一片明亮。

1 清雅的湖水綠壁面、有著柔美背
板的床架,大女兒的房間充滿古
典氣息。2 淺色的磁磚壁面,配著
原木色洗手檯面,空間顯得祥和,
讓沐浴時光變得寧靜安心。

你也可以這樣佈置！

DO THIS / **1**

用花藝製造轉角的驚喜

沙發銜接走道和餐廳的轉角，擺放著邊桌，放置花束，利用最自然的素材和繽紛色彩為空間增添柔美，也讓偌大的空間不顯單調，在轉角之間製造生活的驚喜。

DO THIS / **2**

畸零空間的層架可當展示架

衛浴的畸零空間，正好用來規劃成層架的位置，擺放書籍、擺飾或花器，活潑衛浴的氣氛。也能與壁面拉成一個整齊的平面，不額外增加視覺的負擔。

DO THIS / **3**

深色空間以白色與彩色做為跳色

為了營造空間恬靜感，以深色貼皮電視牆搭配橄欖綠壁面，但天花板維持白色，拉高視線之餘讓空間多些喘息。廚房裡的白色櫃體更以彩色鍋具點綴，做為深色空間的跳色。

大量的書籍、優美的鋼琴、美
麗的掛布，將喜好逐一融入生
活中，成就著空間獨特韻味。

重拾日光，
用家學會生活的節奏

這房子是我們將老屋大幅度改造的案例，
原本的採光條件不好，再加上不符合實際需求的四房格局，
讓屋主打定翻新空間的主意。
將公共空間配置在光的入口，並加大佔有面積之後，
一家人從此有了家的節奏。

Living room・window
白色竹百葉

Bathroom・檯面
大理石雅典娜（仿古紋理）

Bedroom・window
胡桃木色竹百葉

Kitchen・wall
10×20 白色釉面磚

風格素材計劃 I
Stylish plan

─────── **Color** ───────

❶ **湖水綠** 客廳運用淡綠色鋪陳，像是輕盈的湖水般，讓空間顯得寧靜美好。

❷ **咖啡紅** 書房使用色澤較重的咖啡紅，提昇使用者的專注力。

❸ **淺藍色** 淺藍色男孩房，提供孩子一個安心、安靜的專屬空間。

Study・cabinet
非洲柚木木皮貼皮

❻
Bedroom・floor
超耐磨白色脂松

─────── **Material** ───────

❹ **超耐磨淺色凡爾賽** 選用 90×90 公分超大尺寸地坪，鋪陳懷舊與古典樣貌。

❺ **復古花磚** 點綴在廚房自然樸實的大面陶磚之間，增加視覺豐富度。

❻ **超耐磨白色脂松** 臥房地板運用淺色地板，營造純淨素雅氣息。

Bathroom・檯面
啡姑娘大理石

Kitchen・檯面
蜆殼人造石

全室・wall
踢腳線板

─────── **Furnishing** ───────

❼ **藍白格紋餐椅椅面** 有著鄉村風花色的餐椅，勾勒輕鬆用餐氣氛。

Bedroom · wall
黑色黑板漆

Bedroom · wall
Viola

3
Bedroom · wall
Jordan

1
Living room · wall
English Meadows

2
Study · wall
Soft Coffee

Bathroom · wall
洞石馬賽克

5
Kitchen · floor
復古花磚

Bathroom · floor
10×10復古磚

Bathroom · floor
10×10復古磚

7
kitchen · furniture
藍色格紋椅橘面

Bedroom · cabinet
仿古銅把手

Kitchen · floor
10×10復古磚

Kitchen · 面板
灰棕 Sand white

Kitchen · floor
45×45復古磚

風格素材計劃 2
Stylish plan

──────── **Furniture** ────────

❽ **Tiffany 玻璃鑲嵌立燈** 取材自歐洲教堂穹頂或窗戶的彩繪玻璃，應用在燈具上，則為空間帶出歐風古典感。

❾ **Hyde Sofa 沙發** 拱型凸起的椅背和富懷舊風的皮革色澤，為空間的典雅風範做了最佳的詮釋。

❿ **Shawe Chair 女人椅** 淺色柔美的花紋布面，為典雅風格再添優雅；可靈活移動的腳靠，提供全然放鬆的機能需求。

⓫ **Clairmont Brass Floor Lamp 立燈** 燈架為黃銅材質，呈現低調又復古的氣息，高度可調，適合做為閱讀燈使用。

⓬ **復古枝形吊燈** 枝形吊燈源於中世紀貴族所用的蠟燭照明，通常擁有兩個或以上的燈臂，枝形越多，越顯華麗。

⓭ **法式鄉村風格餐櫃** 白色復古刷舊的法式鄉村風格餐櫃，櫃體的線板設計仍具有古典氣息，與空間相融。

⓮ **Rectangular Dining Table 餐　桌 ＋ Chrystiane Side Chair 餐椅** 獸足形狀的椅腳、桌腳，增添空間的貴族氣息；藍白格紋椅墊，則為空間注入溫暖雅緻的氛圍。

❽
Living room
Tiffany 玻璃鑲嵌立燈 ＋

❾
Living room
Hyde Sofa 沙發
by 伊莎艾倫

❿
Living room
Shawe Chair
女人椅
by 伊莎艾倫

⓫
＋ Living room
Clairmont Brass
Floor Lamp 立燈
by 伊莎艾倫

⓬
Dining room
復古枝形吊燈
by 竹一燈飾

⓭
Dining room
法式鄉村風格餐櫃 ＋

⓮
Dining room
Rectangular
Dining Table 餐
桌＋ Chrystiane
Side Chair 餐椅
by 伊莎艾倫

Home Data

台北市・中古屋
大樓・39坪
屋主夫婦和1子1女・金融業＆鋼琴老師

灑著陽光的狹長玄關，照耀了一身溫暖，
端景的典雅櫃體帶來了寧靜優美。

07

home

老屋翻新
重拾日光與家的節奏

老 屋翻新能夠給予家人一個全家的生活容器，帶入新的生活樣貌。住
　 了好幾年的老房子，原先的格局有四個房間，壓縮了公共空間，屋
前靠庭院的牆面被遮了光，陽光進不來；屋後則是因為屋頂加蓋而擋住日光
的防火巷，造成室內昏暗。屋主深知良好的採光是空間舒暢的必要條件之
一，便決定重新設計空間，在拆除時將全部格局打掉，重新為空間做定位。

格局打掉重造　開啟光的入口

　　女主人是位鋼琴老師，客廳需要擺設演奏型鋼琴。考量鋼琴所佔空間不小，因此將公共空間的佔比拉大，才能拉出空間寬度，紓緩鋼琴龐大體積造成的壓迫感。正巧符合屋主夫婦希望公共空間能夠舒適寬

敞，成為一家人聚集活動的起居重心，因此規劃時，客餐廳和廚房相鄰，光是客廳面積就約10坪大。

　　客廳雖然和餐廳、廚房相連，因為幾乎每天開伙，怕油煙貫穿室內，特地做了折門當隔間。平時收起折門就是開放式空

間，必要時拉起折門就能阻隔油煙。加上
後院原本的屋頂拆除後，能夠引進日光，
即便關起折門，依然能透過玻璃穿透些許
光源到客廳，室內再也不昏暗。

1 因著喜好和興趣，將公共空間佔
比拉大，讓大量書籍和有著優美
線條的鋼琴無形中成為空間最美
的點綴。2 盡量保留玄關引進的
日光，壁面配色選用清雅淡綠，
天花板也保持潔白，讓室內在白
天維持一定的明亮度。

1 屋主夫婦喜歡雅緻寧靜的空間氛圍，在家具、傢飾和燈具選擇上便以古典優雅為原則。2 以鋼琴做為銜接餐廳、廚房和客廳的中介，無論待在客廳或是餐廳，都能享受到鋼琴的悠揚樂聲。3 空間屬於狹長形狀，而沙發背牆已規劃成整面書牆，電視牆則保持簡單爽利的模樣。4 透過玻璃折門將餐廳、書房與客廳在視覺上串聯在一塊，提昇空間的寬敞視覺，也讓家人更輕易互動對話。

完全依照女主人設定規劃的
夢想廚房，有著大餐桌，中
島檯面，L型流理檯，讓下
廚變成美好的事。

拉大公共空間　促進家人情感

　　屋主夫婦都愛好閱讀，擁有大量藏書，於是我們讓書籍成為家的裝飾佈景，在練琴區規劃一整面書牆兼收納櫃。又因為空間樓高較低矮，視覺上顯得扁平，若是添加太多設計元素則會顯得凌亂，所以將書牆和有著壁爐形式的主牆規劃在一起，不但製造視覺效果，也方便兩空間的書籍拿取。

　　房子屬狹長形，沙發背牆已做了主牆式的處理，又電視的使用頻率不高，電視牆因而維持簡單形式，將電視直接懸掛在牆面上。電視牆壁面後方即是主臥，在電視牆壁面挖縫，可以擺放電器，順著縫利用木作設計凸出平台做為主臥的電視櫃，無形中兼顧牆面兩側的使用需求。

　　兩間小孩房雖然各自獨立，但因為小朋友尚處年幼階段，為了方便照顧，同時讓小朋友夜晚睡覺時有個伴，在兩房之間做了折門。目前是敞開的狀態，預計等小朋友長大些時再拉起折門，形成獨立的空間。

　　重新規劃後的住宅，解決了採光問題，同時調整了空間配置，賦予住宅全新的生命。想像著女主人敲著琴鍵音符躍出，一家在此重新開始生活的節奏。

1 廚房地板採用好清理的陶磚，加上採光較好，沐浴在陽光中用餐也是種享受。2 潔白的主臥利用電視櫃的原木色帶出溫暖氣息。在浴室開了一扇折疊式小窗，減緩沒有對外窗的封閉性、化解空間的狹小感受。3 深色狹長的書房安置在廚房邊，僅用玻璃隔間，讓男主人即使置身在獨處的空間，也能維持與家人的互動。

tips.1　**家中有幼兒　可以考慮較機能性的隔間設計**

若是家中有兩個年紀相近的年幼孩子，在規劃兒童房時，可將兩空間相連，暫時以折門區隔，方便彼此玩耍，等過些年再關起門，就是各自獨立的房間了。這樣的機能性設計，讓空間使用上更顯彈性，因應家庭成員不同階段的變化。

緊鄰的兩間小孩房，隔間牆是可開闔的折門，男女孩房各自刷上水藍和淡紫，各有風情。折門以黑板漆處理，變成孩子塗鴉的畫布。

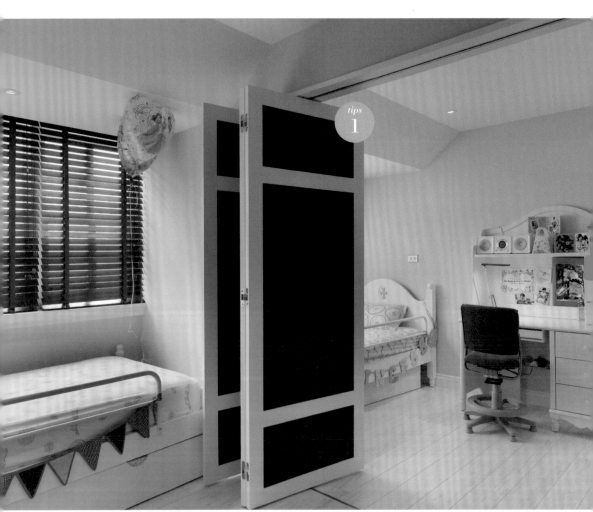

You can do this, too!
你也可以這樣佈置！

DO THIS／**1**

美麗圖騰絲巾當掛布

將絲巾當成掛布使用，是屋主夫婦的
點子。特地去詢問專櫃使用的配件，
上網搜尋後，從香港購買，有別於一
般使用的掛線，採用四角平衡伸展的
結構，將布面的美麗盡顯，是值得參
考的裝飾點子。

DO THIS／**2**

多嘗試妝點生活物件

據說很多人找了設計師裝潢空間後，不管買
什麼大小物品都要詢問設計師，但其實真正
生活在空間裡頭的人是屋主，所以我們很鼓
勵屋主可以嘗試購買小配件，依季節或節慶
妝點空間，唯有這樣，才能和自己的家有更
多連結。

DO THIS／**3**

生活照片是過道的最佳風景

步入家中私領域的過道上，女主人用心地將與
家人的生活照放入大大小小的相框裡，懸掛在
壁面上，不但形成過道的風景，駐足於此，也
能做為一日生活的緩衝和轉換。

厚實的沙發組合，與圓形
桌几相呼應，營造放鬆又
溫暖的居家意象。

把電影場景搬回家！
換屋族的微古典空間提案

女主人平日就有逛家具店的習慣，
漸漸地對美式家具產生好感，也勾勒出她對家的想望——
如果能把電影場景搬回家，該有多好！
於是用白色線板、落地格子門、男女主人椅、淺咖與暗紅，
創造時而古典時而優雅的居家空間。

風格素材計劃 I
Stylish plan

─── Color ───

❶ 咖啡色 客廳主牆面選用咖啡色，突顯典雅又放鬆的居家情境。

❷ 草綠色 餐廳寧靜的綠色壁面，讓用餐環境多分清爽。

❸ 藍色 廚房牆面以藍色做為定調，讓料理環境顯得活力十足。

─── Material ───

❹ 灰姑娘大理石 客廳電視櫃檯面選用灰色大理石，色調沉穩簡潔。

❺ 藍色廚具面板 廚房選用藍色廚具面板，滿足女主人想要擁有地中海般情調的料理環境。

Bathroom・floor
洞石馬賽克磚

❺
Kitchen・廚具門片
藍色 Lunen Burg

❹
Living room・電視櫃檯面
灰姑娘大理石

Living room · wall
Obelisk

Living room · wall ❶
Canvasback

Dining room · wall ❷
Woodland Mystery

Bedroom · wall
Burgundy

Bedroom · wall ❸
Lake Blue

Bedroom · wall
Peruvian Yellow

Living room · floor
拋光石英磚

Kitchen · 檯面
灰白人造石

Living room · window
麻質窗簾

全室 · cabinet
櫃體仿古銅把手

Study · window
胡桃木色竹百葉

Bedroom · floor
超耐磨田園橡木

Bedroom · floor
超耐磨白色脂松

風格素材計劃 2
Stylish plan

———— **Furniture** ————

⑥ 簡約感枝形吊燈 選擇較為亮面的燈罩，用來呼應地板材質所採用的亮面磁磚，低調中不失奢華感。

⑦ 褐色皮革男主人椅 男主人椅採用沉穩的深褐色系，表達厚實穩重的男主人風采。

⑧ 花紋布面女主人椅 採用大面積花紋布面的女主人椅，反映出典雅活潑的感覺。

⑨ 深色圓弧餐桌椅 搭配一旁深色木作餐櫃，餐桌選擇較為深沉的顏色，與淡色系的整體空間做出明顯對比。

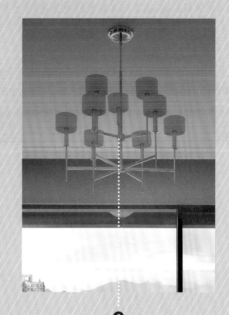

⑥
Living room
簡約感枝形吊燈
by 竹一燈飾

⑦
Living room
褐色皮革男主人椅
by 訂製家具

╋

⑧
Living room
花紋布面女主人椅
by 訂製家具

⑨
Dining room
深色圓弧餐桌椅
by Ashley

斜向的玄關，擺著深色矮櫃，可放置些許
擺飾，讓這處緩衝空間多點精彩。

Home Data

新北市・新成屋
大樓・47.5坪
屋主夫婦和1子1女・上班族

08 home 用家具和空間線條
為家製造和諧美感

生命是一場歷程，沒有什麼是永遠不變的，就像每個時期偏好的飲食口味可能有所不同，那麼對空間的喜好，也是一樣會隨時間而有所變化。林先生一家以前偏好簡約的居家風格，這次搬了家，對家的想法有些轉變，期待擁有一間美式樣貌的優雅居家。屋子本身條件很好，拉開窗簾就是一整片好風光，彷彿一幅自然畫作在眼前。因此毫不猶豫地為客廳保留大面窗，把室外風景全部延攬入內。

1 用白色線板精準勾勒出天花、門框、空間界定的空間線條,讓空間顯得立體有層次。2 客廳與書房之間的落地格子門,是美式風格的經典語彙之一。3 兩張單人椅安放在灑滿陽光的大面窗邊,想像窩在這裡看書的時光,最是放鬆。

3

男女主人椅　營造家的放鬆感

　　本身對家居設計就有著濃厚興趣的女主人，平常就有逛家具店的習慣，在裝修這空間時，更是親自挑選了整屋子的家具傢飾。客廳除了挑選3+2人座沙發襯托空間的大器之外，還特別運用略帶古典造型的圓形茶几，為空間揉入優雅的質感。在光線最充足的窗邊，則擺放著男女主人專屬的單椅，一張是充滿歐洲風情的皮革主人椅；另一張則是符合女性小巧身材、用花卉圖騰訴說柔美調性的女人椅，柔軟偌大的沙發，光是看著就讓人感到放鬆。

　　客廳主牆特別選用米黃色文化石，搭配沉穩的深咖啡色壁面，與沙發和桌几形成對稱的組合，形塑寧靜平穩的空間氛圍。緊鄰著客廳的書房，共享著同一片美景，更以格子落地門做為隔間，展現美式空間的經典語彙。

　　屋主夫婦都喜愛閱讀，在書房除了規劃整面牆的書櫃安置藏書及收藏外，書房窗邊還有處臥榻，可以坐在上面看書、聊天，讓角落空間有了存在價值。

1 書房做了雙開門，看起來優雅大方，而且視野可以穿透到客廳，放大空間感。2 在書房的窗邊規劃臥榻，可以窩在這兒閱讀或與家人談心，享受恬靜時光。3 滿牆面的白色書櫃，可以兼做展示櫃，擺列藏書和收藏的小物。

有想法的空間 才有家的味道

在許多空間的設計案裡，大致上女主人都是待在家時間最長的空間使用者，於是空間設計通常以女主人需求為主要考量。而擅長整理家務的她們，對廚房期待總是最多。就像這房子的女主人渴望擁有整套水藍色的廚具，加上一直都有收集美麗瓷杯的習慣，希望將它們展示出來，親朋好友來訪時也能使用，而這些期待都被滿足了。我們特別選用了輕巧的水藍色廚具，與餐桌邊的用來收藏瓷杯的深色櫥櫃，和有著古典線條的黑色餐桌椅，形成一明亮一穩重的強烈對比，增添空間的層次。

值得一提的是，整個空間無論在空間界定、門框、天花等皆用白色線板勾勒出明確的空間線條，不但穩定空間的視覺重心，更創造出家的和諧旋律。

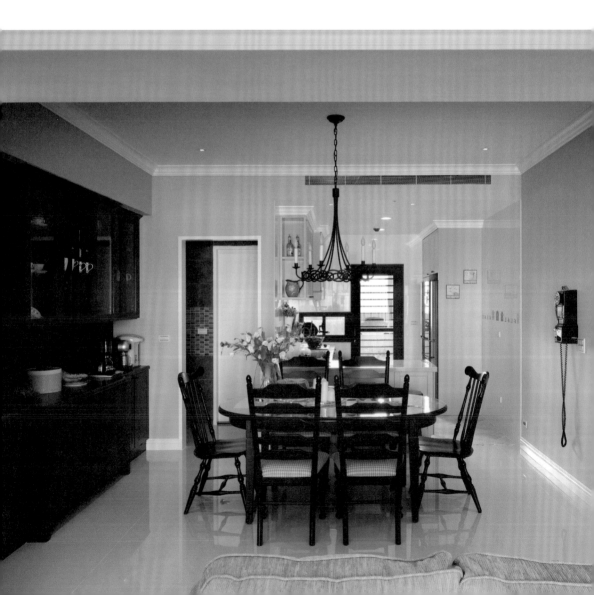

1 有著深色餐櫃的餐廳，配上了清爽的綠色壁面，緩和了深色櫃體的厚重感。2 水藍色廚具是女主人夢寐以求的夢幻色，在喜愛的色彩圍繞之下料理是件幸福的事。3 女主人喜愛收藏瓷器，於是在餐桌邊放置了收納兼展示用櫥櫃，將收藏融入空間中，讓空間更有屋主的精神。

1

tips
1

1 男孩房使用了水藍色壁面，配上大圖輸出的世界地圖當裝飾，簡單中透露個性。2 重視閱讀的夫婦倆，在主臥擺放單人沙發做為閱讀椅，暗紅色調呈現慵懶放鬆的氛圍。3 活躍的鵝黃色壁面，黏貼了有著逗趣圖樣的壁貼，增添了不少活力。

tips.1 **用大圖輸出當壁紙 輕鬆展現個人風采**
利用大圖輸出，可以將自行設計或是喜愛的圖樣印刷出來，裝飾在壁面，好處是可以依據需求掌握大小、顏色和花樣，用來裝飾空間，更能表現個人風采。

2

3

你也可以這樣佈置！

DO THIS / **1**

用藍毯與抱枕妝點生活美感

在臥榻或是沙發座椅最適合擺放抱枕
與披毯，一方面可取其與座椅不同的
質地，如跳色或圖騰等，做為妝點。
一方面則可做為蓋毯使用，就能盡情
地享受溫暖的閱讀時光。

DO THIS / **2**

善用矮櫃佈置出角落端景

當各房間門的距離較遠，空間就多了一塊零
碎地，只要擺放一個與空間風格相符的櫃
體，妝點花花草草或是以相片擺飾，就能再
造角落空間的生命力。

DO THIS / **3**

拼貼畫組　平衡空間單一性

有時候不一定要擺一幅大的畫作，幾幅小畫拼
湊著，也能拼出視覺上的美感。尤其是在較少
裝飾和家具的空間，善用瑣碎小物的拼湊，就
能平衡掉空間的單一性。

橘紅色小屋，
讓 SOHO 族時時刻刻在家也不膩

屋主必須長時間在家工作，家必然是他生活的所有重心。
如何創造一個久待不膩的生活空間，是我們著眼的課題。
於是選用磚橘色做為空間的定調，以及創造可暢快工作的環境，
讓屋主在溫暖氛圍之中成事又成家。

搶眼橘紅鋪陳了家的溫暖風貌，輔以深色家具拉出視覺層次，讓長時間待在家的屋主有個安心自在的小窩。

風格素材計劃 I
Stylish plan

──── Color ────

❶ 橘紅色 搶眼橘紅,是一般居家空間少見的大膽顏色,用在採光好的空間能帶來活力。

❷ 草綠色 書房運用綠色讓長時間待在電腦前工作的屋主視覺得到舒緩。

──── Material ────

❸ 窯變釉面手工磚 有點窯變的釉面磚,表層不均勻色澤反而帶出變化。

❹ 20×20復古磚 厚實的材質加上陶磚色澤,感覺溫厚。

❺ 米白廚具面板 霧面鋼琴烤漆材質,質感優美細緻。

──── Furnishing ────

❻ 亞麻條紋窗紗 以橘紅為主色調的空間,窗飾則選用帶有織紋質地的亞麻窗紗,襯托濃郁的色彩。

❻
Living oom · window
亞麻條紋窗紗

❶
Living room · wall
Timberline

❷
Study · wall
Pine Forest Green

Bathroom · floor
深金鋒石材馬賽克

Bedroom · wall
Picton

Study · window
白色竹百葉

Bathroom · floor
石材馬賽克磚

Kitchen · floor
10×10復古磚

Bathroom · wall
釉面立體磚

❹
Kitchen · floor
20×20復古磚

Bathroom · floor
白色霧面六角馬賽克磚

全室・ceiling
天花線板

Kitchen・面板
米白
5

Bedroom・door
復古把手

Kitchen・wall
窯變釉面手工磚
3

Kitchen・wall
窯變釉面手工磚
3

Dining room・wall
掛鉤

Living room・floor
超耐磨田園綠地

Study・cabinet
柚木木皮

Bedroom・floor
超耐磨梵谷深樟

全室・door
門片線板

風格素材計劃 2
Stylish plan

─────── **Furniture** ───────

❼ 造型單椅 小巧優雅紫色單椅，繁複且精緻的細節、釘釦搭配，以及富有造型感的椅腳，適合為小空間營造風格。

❽ 多功能餐桌椅 因應屋主有餐桌結合麻將桌的需求，特別訂製方正桌面，下方設置小型抽屜，但整體仍保有鄉村風的感覺。

❾ 黑色懸吊燭燈 配合家具一貫的黑色調，燈架結構線條較為簡單，且選擇黑色呼應整體空間。

❿ 多功能寫字桌 臥房的寫字桌，迎合小空間需求而量身訂製充當梳妝檯。

❼
Living room
造型單椅
by 貝妮塔

❽
Dining room
多功能餐桌椅
by 訂製家具

❾
Living room
黑色懸吊燭燈
by 貝妮塔

❿
Bedroom
多功能寫字桌
by 訂製家具

鋪著復古陶磚的玄關，配上橘紅壁面，
一入門就是滿滿的暖意湧上心頭。

09
home

為在家工作者配置的
貼心空間

　　屋主說：「我信任你們，只要家裡漂亮就好。」就這麼一句話，屋主不太干預空間設計，但對身為設計師的我們來說，仍是身負重責大任，畢竟「家」像一個巨大容器，容納了居住者的生活、想法和日子的感受。即便屋主將設計美感交付給我們，但生活習慣這件事卻是人人不同，設計師無法透視內心得知，還是得透過溝通將主人自身的喜好和習慣，整理出一個概念。

tips
1

1 客廳的面寬不大，因此特別訂製沙發、電視櫃的適合尺寸，讓家具與空間搭配合宜。2 餐廳只擺放四人座餐桌椅，即使家中訪客較多，也可借取客廳和書房的單椅。

用格狀窗戶串聯空間　保隱私定風格

　　因為屋主長時間待在家，需要溫暖舒適的環境。挑高3米6，約19坪大的小屋，並未特意做夾層，保持原有高度可以讓室內採光更好，而且活動其中更舒服。而動線安排上，即便空間不大，還是區隔出小小的玄關區塊做為緩衝，避免一入門就望見家的全貌，而缺少隱私；而且多出玄關空間，還能增加空間的層次感和寬敞度。

　　加上這案子的採光和樓高的條件好，我們大膽選用磚橘色做為玄關壁面，並襯以黃光，打造溫暖氛圍。在和餐廳交界的壁面，規劃格狀窗戶，讓時常有訪客進出的

屋主，無論身在廚房、書房或餐廳，都能留心大門進出的情況。

---

tips.1
可移動單椅，增加空間靈活度

許多人習慣把當家中有訪客時的狀況納入裝修計劃中，於是努力偷取空間規劃客房，或是擺放多人座餐桌椅。但其實空間的主要使用者還是屋主本身，應該以滿足自己需求為最先考量，只要配合可彈性移動的單椅，就能增加空間的靈活度。

訂製家具　讓家獨一無二

客廳的採光條件極好，利用這項優勢，客廳地板刻意採用斜貼手法。一般來說，斜貼適合大空間，但因為空間很明亮，紓緩斜貼容易帶來的壓迫暈眩感，反而創造延展空間的效果。

此外，客廳的面寬不大，客廳的沙發和電視櫃都是依據空間大小而訂製的適當尺寸。有技巧地使用訂製家具也是不錯的家具配搭方案，可依據預算和喜好變化家具的大小、材質和花色，反而讓空間展現獨一無二的個性。

1 餐廳牆面正好連接玄關，為了增加狹小餐廳的視野，於是規劃格狀窗戶，即便在書房、廚房，也能望見玄關，放大空間感。2 從餐桌望向客廳，為了製造視覺層次，使用白色電視牆，視覺上有了一橘一白的深淺調度，空間更顯活潑。3 廚房地坪採用六角復古地磚，充滿鄉村風情，與白色廚具搭配出清新意象。4 釉面手工磚以不同深淺的藍綠色拼貼出層次，搭配美式鄉村風貌的壁櫃，空間充滿溫馨。5 即便不常開伙，仍保留廚房空間，方便屋主做些簡易料理；延伸公共空間的橘色，空間雖小卻有著暖意。

長條型桌面　容納多台電腦使用

屋主從事的工作必須長時間在家，因此選用穩定情緒的綠色為定調。為了滿足屋主必須同時使用2～3台電腦，也特地規劃長條型桌面，方便運用。書房另設有小臥榻，提供屋主工作空檔暫時休憩的地方，同時也可當作客房使用。除了書房之外，幾乎每個空間都設有網路插頭和電源插座，創造隨處可工作的環境。

主臥選用浪漫的紫，象徵兩人世界的婉約與甜蜜，也是貼心的屋主為另一半而選的，讓她一同參與成家的喜悅。台灣人很容易忽視浴室空間，但這處小小的空間，卻是洗滌一整天憂煩的寶地。主臥衛浴因為空間不大，利用泥作砌起了浴缸，尺寸小巧卻能讓長時間動腦的屋主偶爾泡澡解放身心。而客用衛浴則是以交叉的鏡面做造型，如此巧思反而讓空間整體質感上升。

19坪的多彩小屋，擁有良好的採光和挑高，即便空間隔成2房2廳1廚房2衛浴，卻因為光線明亮加上挑選適合的家具尺寸，空間不顯擁擠，而各房間擁有不同色彩配上溫暖的黃燈光，成就了一處溫馨小家。當屋主結婚時，選擇在家拍攝婚紗照，就是最美好的回饋。

tips.2 **爬梯解決高處拿取不便和製造登高樂趣**
雖然是挑高3米6，但因為不做夾層而產生的高度餘裕，剛好可以規劃至天花板頂端的櫃體，擺放不常使用的物品。只要架上爬梯就可以輕易拿取物品，同時創造爬高的樂趣。同樣的手法也出現在廚房空間裡。

1 長時間待在電腦前，且需要同時操作 2 ～ 3 台電腦，所以規劃長條木桌。靠窗處有個小臥榻區，讓屋主疲累之餘可在旁稍作休息。2 主臥房是浪漫的紫色，擺放的家具也要求件件精細，襯托出質感。3 床鋪背牆刻意保持乾淨，兩側的壁燈為夜晚帶來微小光源。

1 緊鄰著床鋪的衛浴，以馬賽克壁面搭配深色框線做為開門主視覺。櫃體則一律使用白色調，紓緩空間狹隘感。2 客用衛浴因為空間較小，以亮面磁磚增添明亮度，拉出空間感。3 相對於主臥的浪漫，衛浴空間改以沉穩的淺咖啡馬賽克鋪陳，再以深色實木的洗手檯櫃門塑造穩重感。

你也可以這樣佈置！

DO THIS / 1

大型掛畫，形成視覺焦點

狹小的空間，在裝飾上格外要留意比
重問題，書架旁刻意用大掛畫而捨棄
小幅框畫，是為了讓焦點集中，讓空
間不顯零碎。

DO THIS / 2

巧用掛鉤增加收納空間量

掛鉤是很好利用的收納工具，懸掛上好看的
帽子或包包，不但可以收納，同時還成了空
間裝飾。掛鉤可盡量選擇有金屬質地的材
質，譬如黑鐵或金銅等，不但耐用也能對應
空間調性。

DO THIS / 3

層板運用，兼具裝飾和收納效果

選擇層板的原因是因為餐廳本身空間不足，加
上空間坪數小，餐廳和客廳緊鄰，視覺上容易
一口氣看盡兩處空間的樣貌。層板取代收納
櫃，還可擺放盆栽或小物，裝飾層板空間。

在米白色的空間色溫下，用
棉麻織品、與布面沙發，演
繹法式殖民的異國風情。

home **10** ╳ 復古混搭 Antique&Mix

就愛法式殖民風！
自然純淨中的異國情調

長期訂閱國外室內設計雜誌的屋主，特別獨鍾於法式殖民風格。
在白色、深綠與淺咖的空間色溫之下，用復古老件、
棉麻織品與經典沙發椅，創造優雅迷人的空間底蘊。
透過當日生活所留下的使用痕跡，讓屋主愈發喜愛這越住越有風格的家。

風格素材計劃 I
Stylish plan

──── Color ────

❶ **淺棕色** 淺棕色比白色多了些層次，也能稱職地做為復古家具的背景色。

❷ **深綠色** 深綠色鋪陳整個餐廳壁面，塑造寧靜氛圍。

❸ **藍色** 藍色帶來清爽舒適的視覺感受，適合用在兒童房。

──── Material ────

❹ **天花實木線板** 用在主臥的實木線板，在細節處點綴樸實。

❺ **柚木實木人字型拼貼地板** 以人字型拼貼帶來法式懷舊風情。

❻ **雅典娜大理石** 運用在浴室檯面，仿古處理模樣古樸。

Kitchen・檯面
粗砂礫人造石

Bedroom・Cabinet
仿古銅把手

❺
Living room・floor
柚木實木人字型拼貼地板

Bathroom・floor
白色霧面六角馬賽克

❻
Bathroom・檯面
雅典娜大理石（仿古處理）

Bathroom・檯面
卡拉拉白大理石

Kitchen · 面板
米白

Kitchen · floor
六角復古蜂巢磚

④ Bedroom · ceiling
實木線板

❶
Living room · wall
Stratosphere

Kitchen · wall
安朵拉米復古磚

Bedroom · door
壓花玻璃

Living room · Window
白色竹百葉

❷
Dining room · wall
Alligator Pear

❸
Bedroom · wall
Sanctuary

Bathroom · floor
10×10復古磚

Bathroom · wall
石材馬賽克磚

全室 · wall
踢腳線板

Bedroom · floor
超耐磨風采淺古

風格素材計劃 2
Stylish plan

────────── **Furniture** ──────────

❼ 丹麥 Louis Poulsen PH 5 吊燈 飛碟造型的現代感燈具,由三層燈罩堆疊而成,所散射的光線極為柔和,常被用做餐廳吊燈。

❽ 復古格紋布沙發 以「所有物件皆不成套」為主軸,細緻的木紋雕刻配上充滿時代感的格紋布面,懷舊意味濃厚。

❾ 圓弧造型扶手椅 扶手部分的圓弧造型則顯得可愛大方,趣味感十足。

❿ 復古板車造型茶几 偏向工業風格的茶几,實木桌面做懷舊仿風化處理,輪子和包邊皆是鑄鐵材質,展現復古懷舊的空間韻味。

❼
living room
丹麥 Louis Poulsen PH 5 吊燈
by Louis Poulsen

❽
living room
復古格紋布沙發
by Atelier 50

＋

❾
living room
圓弧造型扶手椅
by Atelier 50

＋

❿
living room
復古板車造型茶几
by Atelier 50

Home Data

台北市・中古屋
大樓・37坪
屋主夫婦加1女・自營商

玄關地磚與人字型木質拼貼地板，隱約形成空間的分界。

IO
home

法式殖民風情
讓空間越陳越香

和 不同屋主配合的過程，都是一場場相會，常常我們很幸運，總能遇見契合的業主，完成一場獲益良多且愉快的合作。這個屋子的男主人，多年來養成訂購國外家居雜誌的習慣，每個月觀看著世界各地的室內設計案，涵養了他對空間設計的敏銳度。偏好老法式風情的他，喜歡古樸優雅的空間氛圍。

1

客廳不放電視　另闢第二起居室

　　對於空間規劃很自己的想法，堅持不在客廳內放置電視，為了滿足有看電視習慣的太太，剛好客廳通往餐廳的走道較為寬敞，於是我們將寬敞的走道定義為第二起居室，擺放了電視和符合女性柔美調性的沙發。如此一來，不但走道空間有了存在價值，同時滿足屋主夫婦各自需求。

　　多數人習慣包覆天花板，好遮掩一些管線，像是冷氣機、燈具等，只是整體包覆下來，天花板會低矮約10公分，其實線路的裸露也能很有個性，還能化解壓迫感。不只將線路轉化為天花板的設計，家中的大樑在加了圓柱與拱門框之後，原有的橫樑身分也被模糊掉了。

　　男主人就選擇不包覆天花板，至於冷氣機的擺放位置，可以安置在空間角落，遮掩掉機體巨大的身軀。

1 屋角擺放了一架自行車，當屋主的日常融入空間內，家就有了生活感。2 不特別安裝主燈，反而以大型的探照燈和天花軌道燈取代，藉此創造迷人的空間韻味。3 原木人字型拼接的地板，有種濃厚的古典氣息，營造了一股慵懶的家居氛圍。

tips.1　將自行車融入風格設計裡

生活中難免會有些與空間風格不符的日常物件，該怎麼將它們融入空間而不破壞空間的調性？像是自行車非進屋不可的話，則可選擇一面留白的壁面，將自行車架在旁邊放置，而且自行車不落地的話自然也不染塵，得以維持地面的乾淨。

tips.2　人字型拼貼木地板展現法式風采

人字型拼貼地板為平口地板，必須一塊塊黏貼，經過圓盤打磨、補土混木屑，再第二次細磨等工序，需花費一至兩星期才能完成。密度高、深淺交替且幾近編織效果的模樣，營造出復古懷舊的法式風采。

2

3

tips
2

沙發的背牆懸掛屋主收
集來的鹿角，略帶粗獷
氣息，搭配鄉村風沙發布
套，氣氛悠哉。

屋主自有品味 孕育一室光采

　　把光線最好的大面窗留給客廳，客廳選用白色調為基底，佐以大地色系布沙發、棉麻窗簾、線條古典的布面單椅、大塊圖騰地毯，在自然純淨的觸感之下，呈現被溫暖包覆的異國風情。不同以往客廳一定要有主燈配置的形式，只選搭配一盞大型探照燈、小型的典雅桌燈、天花板軌道燈，讓屋主在不搶眼的低調光量下享受迷人復古的空間氛圍。具備畫龍點睛效果的桌几，則是喜歡老件家具的屋主特別收集來的，原本是運用貨物的推車，經過改造之後，黑鐵與木質相呼應，變身為引人目光的生活物件。

物件舊掉也無妨，留下生活痕跡最重要

　　有趣的是，採人字型拼貼的實木地板，在四季更迭的熱脹冷縮效應下，有些地方些微翹起，屋主卻很開心地告訴我們，這樣很有歲月痕跡感，他就是希望屋子不要一片嶄新模樣，顯得沒有家的溫暖。隨著空間使用時間愈長，生活物件抹上更多日常痕跡，舊一點無妨，有些刮傷也沒關係，因為那就是他最期待的家的模樣。

1 幽暗日光映入室內，襯得深色餐桌椅和白色訂製餐櫃，沉靜而美好。2 有別於公共空間的白色調，餐廳空間以橄欖綠表現，更與廚房的陶色蜜蜂磚和壁磚相映成趣，創造寧靜溫暖的用餐環境。3 起居室連結餐廳的入口以圓弧線框做為過渡；大餐桌只安置一桌四椅，展現寬闊用餐環境。

1

1 早期的人喜歡使用毛玻璃，後來漸漸被清透玻璃取代後，近幾年又開始懷念起壓花玻璃透光又不會太曝露的含蓄美感，有種懷舊老氛圍。2 小孩房延續整體空間的典雅調性，簡約大方，在衣櫃的線條等細節處提昇空間美感。3 主臥安排了雙人洗手檯面，方便屋主夫婦從容使用而不顯擁擠。典雅造型的手工壁燈對稱排列，稱職地提供著簡單的照明。

2

3

你也可以這樣佈置！

DO THIS / **1**

地毯兼具裝飾和實用

適當的使用地毯在區域範圍，增添視
覺和觸覺的暖意。在客廳一家人圍坐
時會更自然地環繞地毯，凝聚家人的
向心力；在臥房的床鋪尾端鋪塊毯，
則更顯放鬆氛圍。

DO THIS / **2**

復古老件家具營造玄關端景

從玄關往客廳走去，壁面剛好有處圓弧狀，具
備視覺緩衝的效果。另一個壁邊則擺放復古老
件櫃體，其上有著小盞桌燈和屋主的收藏品，
一進門就能看出屋主的風格偏好。

粉紅刷舊、深淺綠色
以率性懷舊詮釋家的氛圍

剛從美國回來屋主，對於家的設計，仍延續著率性自在的風格期待。
所有的家具皆不採固定式安排，可以隨屋主的心情自由排列，增添生活的樂趣。
空間色系也以深濃綠色為空間底布，再加入現代風格單椅與飾品，形塑摩登與復古的衝突美感。

美好的居家，不需要刻意。用輕柔的心去佈置，就能呈現家的風景。

Dining room · wall
Evening shadow

❶
Living room · wall
Millers cove

❷
Bedroom · wall
Fountain Mist

風格素材計劃 I
Stylish plan

——————— Color ———————

❶ **湖水綠** 運用輕鬆自在的湖水綠，打造客廳的率性氛圍。

❷ **天空藍** 像是把天空帶進室內，渲染主臥的輕快氣息。

❸ **淺棕色** 書房選用棕色，適合沉澱心緒。

——————— Material ———————

❹ **8×8白色釉面立體磚** 廚房選用稍大塊面的8×8釉面磚，營造出立體感與深刻的牆面表情。

——————— Furnishing ———————

❺❻❼ **客廳窗簾** 屋主從美國選購而來的布料，利用拼接手法呈現，且色澤搶眼，是空間的亮點之一。

Bedroom · door
銅製水晶把手

❺
Living room · furnishing
綠色窗簾

❻
Living room · furnishing
桃色窗簾

❼
Living room · furnishing
花卉圖騰窗簾

全室 · ceiling
天花線板

❸
Study・wall
Sand Motif

Bedroom・wall
Respberry white

Bedroom・wall
New Born

❹
Kitchen・wall
8×8白色釉面立體磚

Bedroom・Cabinet
仿古銅把手

Hallway・floor
20×20復古磚

Hallway・floor
10×10復古磚

全室・wall
踢腳線板

Kitchen・floor
45×45復古磚

Living room・floor
超耐磨風采淺古

全室・door
門片線板

風格素材計劃 2
Stylish plan

──── **Furniture** ────

❽ 木製質感寫字桌 令人愛不釋手、充滿歷史感的木製寫字桌，抽屜與桌腳間皆呈現出細緻的雕刻紋路。

❾ 黑色文件抽屜櫃 選用深黑色櫃體，且線條簡單俐落，營造出書房的寧靜氛圍。

❿ 白色素面沙發 素面淺色布沙發搭配花紋抱枕，呈現清新簡約的空間意象。

⓫ Kartell經典圓背扶手椅 鬼才菲利浦·史塔克經典設計，以極佳硬度、透明度高的聚碳酸酯為材料，圓弧椅背坐下時充滿包覆感，實用性與存在感並存。

⓬ 工業風立燈 充滿歷史感的燈飾，銀色帶有些許霧黑的仿舊設計，讓新舊家具巧妙混搭。

⓭ 復古枝形水晶燈 溫馨的居家風格中，以古典造型的枝形水晶燈點綴，讓屋內一角閃爍著華麗的光源。

❽	❾
Study	Study
木製質感寫字桌 ＋	**黑色文件抽屜櫃**
by 二手家具店	

❿	⓫	⓬	⓭
Living room	Living room	Living room	Dining room
白色素面沙發 ＋	**Kartell經典圓背扶手椅** ＋	**工業風立燈**	**復古枝形水晶燈**
by 訂製家具	by Kartell	by 滿開	by 二手家具店

Home Data

台北市・中古屋
大樓・32坪
屋主夫婦和1子1女・學術界

入門處安置小玄關口，格狀柵欄些微遮掩
室內風光，也讓入門時心情得到緩衝。

H home

繽紛色彩＆彈性家具
譜出率性迷人的居家調性

屋　主剛從美國回來，深受西方教育的他，喜歡自在不受拘束的居家風格。平時主要是女主人和年幼的女兒在家，身為家庭主婦，很自然地會以廚房為主要活動範圍，為此女主人憧憬著美麗寬闊的廚房空間。而且希望將廚房安排在房子的中心位置，採取開放式設計，如此一來即便在廚房忙碌備料，依然能掌握到家中各個角落的狀態。

1

復古刷舊粉紅廚房 帶來隨興氛圍

　　廚房除了要開放之外，粉紅色廚房則是
女主人的另一個堅持。但這粉紅不是一般
認知的夢幻粉紅，而是一種具有復古味道
的刷舊感，略帶粗獷的木頭線條微露刷白
後的木質紋路，雖然是浪漫的粉紅色，卻
呈現出迷人的率性情懷。

　　這份隨興蔓延了整個空間，有別於台灣
許多家庭偏好做收納櫃，她反而排斥固定
式家具，家中的櫃體、沙發、桌子全都是
可移動式，能隨著心情任意搭配，偶爾興
致一來家具來個大風吹，又是不同面貌。

1 偌大客廳擺放非固定式的輕
巧家具，可以隨著季節和心情
彈性調整，空間立刻煥然一
新。2 從美國運回來的美麗布
料製成了窗簾，紅白色圖騰與
綠色壁面形成濃烈的對比，特
別引人注目。3 經過刷舊處理
的粉紅色櫥櫃，讓廚房完全成
為女主人的天地，也為空間帶
來一絲率性與浪漫。

1

2

3

由淡漸濃，用色彩賦予空間能量

　　為了保持空間的寬鬆感，整體空間的色彩設定為可以接納各色的基礎調。採光良好的客廳，粉刷上淡雅的綠色，搭配寬版拼貼的深色木質地板，一深一淺的配色拉出視覺豐富感。客廳的大片窗簾是用女主人特地從美國運回台灣的布料訂作而成，大片紅色在沉穩的基調之下，更加引人注目。

　　餐廳的木桌厚重扎實，還有盞女主人購買自二手家具店的復古水晶燈，勾勒懷舊用餐氣氛。為了讓壁面配色在視覺上有層次，同時迎合木桌的配色，於是刷上了較為厚重的橄欖綠，從客廳的淡雅轉進餐廳的沉穩，心情得到了不同感受，這也正是色彩能賦予空間的能量。

私空間，可優雅，可活力

　　通往房間的廊道有支大樑，於是設計了圓弧狀拱門遮掩住大樑的厚重感，溫潤著空間線條。主臥床頭僅僅只在水藍色牆面上搭配白色利落的線板柱，維持率性風範，臥房佈置簡單大方，隨地放置的抱枕，枕邊歐式復古邊櫃，襯托著空間優雅自在的氣氛。兒童房的配色倒是大膽活潑，粉紅配上鵝黃的線條式粉刷壁面，烘托著空間活力飽滿，這是女主人特地為孩子設計的空間，期許著孩子能在充滿活力的氛圍成長著。

　　空間是有生命力的，那股生命力來自主人的用心，像是對待植物般，種下種子等待發芽的過程，緩慢卻是扎實的，就如同生活一般越是醞釀，越是豐富。

1 餐桌旁保留一處小空地，是女主人刻意安排的遊戲區，讓她在料理或工作時都能看顧孩子。2 書房轉換成沉靜用色，穩重的深色書櫃、地板，與透明單椅、黑色鐵件文件櫃，摩登之中又見復古。3 切換到餐廳的壁面色彩，成了橄欖綠，和客廳的淺綠對比，深淺落差造就視覺上的風景。

1 小孩房利用鵝黃和粉紅漆染成線條相間的壁面,空間雖然簡單,卻充滿活力。2 小孩房規劃整面純白衣櫃,門片採用雙開門形式,減少門扉開啟時所佔用的空間,預留日後讓床鋪與書桌等設備進駐的位置。3 水藍色臥房有著明亮採光,室內延續女主人喜好自由的作風,並未多做繁複設計。

tips.1 雙開門衣櫃設計

衣櫃使用雙扇折門設計,使用時可以推至最底,讓整個櫃體一目了然,彷若置身在更衣室之中。當預算有限時,可以先選購現成的收納抽屜取代五金配件,讓收納功能更靈活。

3

你也可以這樣佈置！

DO THIS / **1**

隨意堆疊的抱枕，
讓空間顯得隨意

利用一些織品小物立刻就能改
變空間氛圍，譬如，將抱枕隨
興地擺放在沙發或地板，就能
讓空間自在起來。而且抱枕的
樣式豐富，可選擇性多元，花
樣圖騰與素色相搭，空間顯得
更加活潑。

DO THIS / **2**

窗簾布料當門簾，
隔絕隱私又可當裝飾

臥房大門以格子窗展現美式空
間的語彙，為了隔絕隱私，特
別裝上門簾。有著好看圖騰的
布料增添了門板的柔美，又能
做為空間的裝飾。

取用 WEDGWOOD 藍與白的
色彩元素，搭配深色窗花紋地
毯，混搭出優雅與細緻質感

帶著舊家具入住新窩，
延續家的味道和情感

這是我們之前客戶的換屋裝修，
而這次的風格與舊家的活潑氛圍完全不同，
改以沉穩寧靜為空間的定調。特別以藍白骨瓷為色彩主題，
融入老件與從舊家帶過來的舊家具，
延續屋主一家人對家的情感和記憶。

—— Material ——

④⑤ **30×30復古磚** 在玄關地面運用大尺寸復古磚，帶來典雅與樸實質感。

⑥ **銀狐石材馬賽克磚** 霧面與亮面交替的磚面表現，為深色廚房注入些許清新與透亮。

⑦ **灰咖廚具面板** 為延續公共空間的深色調，廚房也用較為濃厚的灰咖啡色面板鋪陳，展現低調優雅。

⑧ **超耐磨田園橡木** 無木結紋路，色系穩重，讓空間更顯簡潔。

—— Color ——

① **深藍色** 色調較重的深藍色壁面，讓書房擁有深沉寧靜感。

② **淺紫色** 以主牆概念，在床鋪背牆漆上紫色，帶來一絲柔美。

③ **淺棕色** 以淺棕色營造客廳、玄關等空間的雅緻氛圍。

⑦
Kitchen・面板
灰咖 Hiking Trail

Bedroom・cabinet
鍍鉻把手

Livingroom：furnishing
沙發布料

⑥
Kitchen・wall
銀狐石材馬賽克磚

Kitchen・door
不鏽鋼把手

全室・door
門片線板

⑧
Living room・floor
超耐磨田園橡木

全室・ceiling
天花線板

Living room・furnishing
抱枕布料

Livingroom・furnishing
抱枕布料

4 Hallway・floor
30×30復古磚

5 Hallway・floor
30×30復古磚

Bedroom・wall
Red Red Rose

Bedroom・wall
Orange Bisque

1 Study・wall
Intercoastal

2 Bedroom・wall
Rose Bouquee

3 Living room・wall
Silk Moire

全室・wall
踢腳線板

風格素材計劃 2
Stylish plan

—— Furniture ——

❾ Lee Broom 水晶玻璃吊燈 以裝飾性較強的水晶玻璃做為吊燈，表面帶有水晶切面，為空間注入些許華麗的元素。

❿ Pottery Barn深藍布面沙發椅 深藍色且線條簡單的美式沙發，帶來放鬆休閒的氛圍，與書房主牆的牆面濃度呼應。

⓫ Pouf Marocain摩洛哥椅 以充滿未來感銀色外皮包覆，讓空間產生一處亮點，可當腳凳或小孩座椅。

❾
Kitchen
Lee Broom 水晶玻璃吊燈

❿
Living room
Pottery Barn深藍布面沙發椅

　+　

⓫
Living room
Pouf Marocain摩洛哥椅

Home Data

台北市・新成屋
大樓・35坪
屋主夫婦和1子1女・學術界

12 home 新舊融合，
繼續下一個生活累積

　　與這位屋主早在多年前就合作過，換屋之後需要整修於是再次合作。
人會隨著時間的演進而改變習慣，那麼居住的空間自然也會隨著歷
練或需求不同而改變空間喜好。相較舊家的豐富配色和活潑的空間氣氛，
這次所合作的新屋多了分沉穩寧靜。以此為前提，我們在屋主的收藏品——
藍白骨瓷餐盤中找到了答案，於是決定以藍與白為空間定調，再搭配其他
深色物件為輔，混搭出如WEDGWOOD骨瓷般經典復古。

從收藏品中找到空間的定調

我們選用藍色沙發做為空間的定睛之物，白色線板、格子窗、書櫃邊框等打底，表達藍＆白的色彩主題。再加上女主人喜歡收集老東西、老家具，客廳的電視櫃就是她珍藏的老件，把老木箱當成茶几也來自於女主人的構想。為了融合藍白色彩與舊家具之間的給人的視覺感受，更以復古的窗花紋深色地毯做為連結，舊物新用而不突兀。

這次裝修時，多了一位新生兒，無法再像上次一樣保持開放空間，格局配置上也必須重新思考定位。屋主希望有3房空間，外加一間書房。室內有35坪，空間不算太小，所以即使原本並沒有玄關配置，仍規劃出完整的玄關空間做為入門緩衝，且兩側各安排了臥榻和鞋櫃，皆具備實用機能。此外，為了避免玄關的設置而窄化了空間感，特別用格子窗與客廳做一連結，不但保有隱私，更與客廳的窗戶形成一進一進的框景延伸，達到放大空間的效果。

1為了避免一進門即看透全屋,特別在入門處規劃玄關,並以格子窗連結客廳空間,製造既穿透又緩衝的效果。2 為了能夠遮擋下半部的屋舍同時留住上半部的青山,使用可以調整上下位置的蜂巢簾,亦兼顧了空間的進光量。

書房也成為空間的大型畫作

愛閱讀的夫妻倆有不少藏書,於是在沙發背後,和書房區隔的隔間牆,我們也規劃左右兩面對稱的書櫃擺放著書籍、相框、擺飾,利用屋主原有的生活配件融入空間當裝飾同時收納,展現居住者的常日生活,空間自然多了人味。書房安排在沙發背後,緊鄰著客廳,利用玻璃拉門保持視覺開闊性。書房以深色壁面為背景,利用層板佈置陳列收藏品,所構成的畫面彷如客廳裡的大型畫作。

廚房是每個家中的女主人最重視的場所,適當的配置與設計,不只能展現家的風格,也能夠讓女主人盡情揮灑廚藝。相較於舊屋的粉紅色廚房,這次的廚具用色改為深色,搭配白色中島檯面,且置入從舊家搬過來的淺色木質餐桌,深淺色系融合成平穩的氣息。餐桌主燈是女主人從二手家具店挖寶而來的設計師燈款,光線透過美麗的雕花刻紋,創造低調奢華的光暈效果,是深沉空間裡的閃亮驚喜。

一個新家,雖然風格與舊家大不相同,但藉由舊家具延續下來對家的情感,讓屋主一家再度開啟另一個生活累積。

tips.1 **簡化格子窗,保留風格語彙又容易清潔**

若希望空間線條簡單又不失美式風格的語彙,在設計璃格子窗時,可簡化格子數量,僅留住最上方格狀線條。也可避免因為格子過多,容易在隔條上積累灰塵,擦拭起來也不容易。

客廳沙發後方緊鄰著書
房，書房的深色主牆與層
板陳列，映襯得彷彿是客
廳的大型畫作。

tips
2

1

tips.2 **舊家具融入新家的原則**

沿用舊有家具，除了節省部分採買新家具的預算，也能讓空
間保有舊家的記憶與溫暖。但如何取捨舊家具呢？除了新舊
風格必須搭配之外，是否符合空間尺寸則是一大考量。

1 餐桌延用舊屋原本就有的家
具，原木色澤與深或淺色空間其
實都可以搭配，這次則以深色做
為廚房的主色調。2 書房選擇用
玻璃拉門當做隔間，讓空間運用
上更顯便利。3 書房壁面用色深
沉，搭配兩組深色書桌椅，適合
辦公或閱讀時，保持專注力。

2

3

你也可以這樣佈置！

———

DO THIS / **1**

利用畫飾增加櫃體的立體感

在公共空間裡對稱式的櫃體設計，是英美式風格常見的設計手法。而這座櫃體往往成為空間的主牆，除了原有的書籍收納、收藏擺飾之外，還可利用立柱之間掛上壁燈或是在櫃體層板掛上畫飾，就能增加櫃體的立體感。

DO THIS / **2**

小幅畫作直列的秩序美

在範圍不大的小空間裡，若要使用畫作來豐富視覺，則可以選擇小尺寸的相框，且以直式排列，呈現線性美感，也與側邊的窗框相互呼應。

Home 13 ╳ 復古混搭 Antique & Mix

白色格子窗＋復古皮沙發，
住進英式鄉村風的家

住了10年的老房子，因為孩子長大而必須有所改變，
也藉此機會一次解決原本廚房太小、書房太大，全家人擠一房的窘境。
格局一旦設定好，再來就是實踐屋主一家最嚮往的英式鄉村風。

Bathroom · floor
黑色釉面馬賽克磚

❷
Bedroom · wall
Sonata

❸
Study · wall
Guild Grean

Bedroom · wall
Greystone

Bathroom · floor
4.7×4.7白色霧面小口磚

風格素材計劃 I
Stylish plan

──────── Color ────────

❶ 淺奶茶色 公共空間以淺奶茶色為基底，襯托著
木質家具，讓空間顯得立體鮮明。

❷ 淡紫色 以主牆的概念，僅在床頭塗刷紫色，讓
空間淡雅又不失個性。

❸ 綠色 書房選用綠色，視覺清新舒適。

──────── Material ────────

❹ 六角復古蜂巢磚 廚房空間小，六角形的磚面打
破視覺限制，具有放大空間的效果。

❺ 松木實木木板 利用松木實木做為電視牆的平
台，營造家的手感精神。

❻ 10×20釉面磚 廚房使用稍具亮面色澤的釉面
磚，打造鮮亮明快的料理環境。

❼ 超耐磨風采淺古 具有深刻結實的肌理紋路，為
空間增添質樸感。

❽ 台灣杉木 從木材行選購而來的杉木原木，裁成
固定尺寸，堆疊出田園況味。

Kitchen · 中島檯面
柚木集成木皮

Living room · wall
白色文化石

❺
Living room · 電視牆平台
松木實木木板

Living room · window
格紋棉質窗簾

Living room · window
棉麻窗紗

Bedroom · window
胡桃木色竹百葉

Kitchen・floor
六角復古蜂巢磚
❹

Kitchen・wall
10×20釉面磚
❻

Bedroom・cabinet
仿古銅把手

Living room・floor
超耐磨風采淺古
❼

Bedroom・door
復古把手

Bathroom・檯面
卡拉拉白大理石

Kitchen・面板
灰棕 sand white

Bathroom・wall
白色霧面六角馬賽克磚

Living room・客廳裝飾
台灣杉木
❽

風格素材計劃 2
Stylish plan

―――――― **Furniture** ――――――

❾ 黑色鑄鐵吊燈 強調鄉村感的吊燈，燈具結構採用黑色鑄鐵設計，燈罩部分則仿手工玻璃，營造出霧面樸實的質感。

❿ 雙色溫莎椅 鄉村風格的經典款式，座位部分採用雙色設計，座位部分保留原色，其它部分皆以仿舊刷白處理。

⓫ chesterfield sofa英式古典沙發 英國的傳統沙發款式，骨架多為櫻桃木，包覆全真牛皮；釘釦縫製的菱形立體紋理，帶來古典氣息。

⓬ 深色洗鍊風格桌几 與皮革沙發色調相近，在整體家具色系偏淺的情況下增添沉穩的氛圍。

⓭ 工業風桌燈 多用途的閱讀燈，仿舊的燈座充滿濃厚的時代感，更添古典風味。

❾
Dining room
黑色鑄鐵吊燈
by 渴望燈飾

❿
Dining room
雙色溫莎椅
by 訂製家具

⓫
Living room
chesterfield sofa
英式古典沙發
by 品東西

＋

⓬
Living room
深色洗鍊風格桌几
by 品東西

＋

⓭
Living room
工業風桌燈
by 滴閣

Home Data

台北市・中古屋・
大樓・21.5坪
屋主夫婦和1子・資訊業

通往私領域的廊道，雖然狹長，但透過
書房來的光線，顯得通透光亮。

13

Home

十年屋翻新，用英式鄉村
重新定位家的風格

原 本一家三口一起生活的家，有著常見的公寓模樣：白白的牆壁，四
周堆納著雜物。當孩子長大，空間已面臨需要改變的時候，趁這機
會重新安排不符合家人的生活機能與動線，滿足風格期待的同時，更能夠
一次解決原先家中收納量不足、廚房太小、書房空間又太大、主臥室空間
不夠等坪數分配不均的問題。

客餐廳相連，採用深色地板，搭配白色壁面，深淺拉出空間層次感。

1 從廚房延伸而來來的工作檯，連接著餐桌，在有限空間內做出最好的配置。2 電視牆以簡單的層板形式呈現，並在樑下牆面內嵌收納櫃用來擺放 CD 或小物。3 客廳的沙發和茶几是屋主一家人共同選購而來，形成家人共有的參與感。

美麗廚房成為全家人的定心劑

整修空間時大刀闊斧更動格局，首先得給女主人一個美麗的廚房，帶來料理時的好心情。不更動廚房位置，但延伸類似中島的檯面到外頭，延伸廚房的領域，做菜再也不用綁手綁腳。也能與家人產生更多互動機會。

原先的大書房也重新分配空間，劃分一部分面積到小孩房。不過小孩房和主臥相連的壁面因為有樑柱，我們動了一點小技巧，在兩間房相連的部分，讓主臥房也瓜分一點小孩房面積，偷過來的空間剛好能做雙層衣櫃，讓主臥的衣物有了收納空間。因為家人之間感情很好，規劃書房時，希望採開放設計，即使待在書房內，也能和家人交流，於是以格狀玻璃當隔間，隨時能看到待在客廳和餐廳的家人。

tips.1 **實木堆疊，製造壁爐意象**
受限於空間條件，在台灣的居家環境裡設置燃煤壁爐，其實不太容易。如何製造不用燒柴，又能擁有壁爐意象的溫暖氛圍？只要在電視主牆嵌入一小塊空間，堆疊實木原木，立刻就能為空間加溫。

1 有著大木桌的餐廳，是餐桌也是臨時工作區。有時候一家人圍坐著聊天或做事，輕鬆又親暱。2、3 白色格狀玻璃輕巧區分了書房和客廳的距離，顯得獨立又串聯。

1、2 通往各房間的走道，保持視覺的純粹，白色讓空間顯得寬敞。
望向電視牆則是一面文化石牆，堆疊的木頭營造出壁爐意象。

以白為底，深色英式家具創造空間個性

　　解決了格局問題，接下來我們以家具進行風格營造。從屋主喜愛的英式鄉村風出發，客廳空間選用深色復古的皮革沙發，搭配有著大馬士革圖騰的布質單椅，兩者結合散發出英式優雅的氣息。大面積的壁面以白色文化石鋪陳；地面則以深色超耐磨地板為底，深色仿舊的款式，除了映襯沙發的復古風格，共同詮釋歷經歲月與時光的悠悠氛圍，也充分展現休閒放鬆的居家調性。

　　重新整頓空間使用面積後，保留使用機能，藉由動線安排巧妙讓空間變得流暢許多。例如設計過後的廚房，透過材質重新選擇以及使用程序的再造與安排，在達成美觀與實用兼具的任務，自然提升了使用的好心情。而開放式的餐廚連結客廳，讓一家人的互動變多，感情也更加融洽。

擺脫過去的狹小昏暗，廚房變得明亮寬敞，讓下廚者可以更自在愉悅地享受烹飪時光。

1 帶些美式紐約風的衛浴，在黑白配色之間吐露個性。2 優雅的壁面顏色，烘托主臥的高雅氛圍。3 色彩具有畫龍點睛之效，僅一面黃色牆面，就讓空間顯得活潑許多。

1

2

3

你也可以這樣佈置！

DO THIS / **2**

書架身兼展示架

層架式的書櫃，一整列的收納空間看起來
大器美觀。除了收納藏書，也可以放置收
藏物，家人合照的相框等小物，整體視覺
多些變化，空間感更加豐富。

DO THIS / **1**

家具搭配得宜，就是角落風景

深色三人沙發搭上帶些奢華感的巴洛克花紋
單人沙發，雖然同是深色，但有深淺之分，
拉出視覺落差，也營造了角落獨有氛圍。

DO THIS / **3**

善用小物做好收納

在浴室外若有空間，其實可以設置層板
搭配籃子，依序放入不同分類的收納物
如毛巾或日用品等，在這之前花點時間
做分類，無形中就能做好收納了。

以大量書籍堆疊家的生活
氛圍，簡約雅緻的家具烘
托著氣氛更加柔和。

就是愛與書為伴，
給家溫暖鄉村風

一趟德國的探親之旅，屋主喜歡上德國居家被書架滿滿包圍的家設計。
一開始就希望客廳的主牆就是大書牆；喜愛田園氣息的屋主，
還堅持還原外推的陽台，為的就是蒔花弄草，
如此嚮往書香和綠意為伴的一家人，當然最適合鄉村風不過了。

風格素材計劃 I
Stylish plan

---------- **Color** ----------

❶ **奶茶色** 客廳選用溫潤的奶茶色做為基調，與木質空間融合得恰到好處。

❷ **橘紅** 女孩房選用年輕有活力的橘紅，充滿青春氣息。

❸ **藍色** 天空藍清爽舒適，適合男孩的色系。

---------- **Material** ----------

❹ **柚木集成木板** 廚房檯面選用木紋材質，與白色釉面磚搭配，更顯清新質樸。

❺ **波斯灰大理石** 浴室延續整體質樸的風格，選用略帶紋理的波斯灰大理石與壁面和地面的復古磚相呼應。

❻ **45×45復古磚** 廚房地板使用大片復古磚，外圍搭配小型磚，營造出區塊感。

---------- **Furnishing** ----------

❼ **條紋窗簾** 條紋布簾為寧靜的空間帶來些許活力。

Bathroom・floor
10×10馬雅石復古磚

Kitchen・cabinet
仿古銅把手

Hallway・floor
10×10馬雅石復古磚

Bathroom・floor
10×10馬雅石復古磚

Bathroom・wall
洞石馬賽克磚

Living room・**客廳裝飾**
台灣杉木

❻

Kitchen・floor
45×45復古磚

1 Living room · wall
Park Loop

2 Bedroom · wall
Persimmon

3 Bedroom · wall
Alice Blue

4 Kitchen · 檯面
柚木集成木板

Living room · window
胡桃木色竹百葉

Bedroom · window
白色竹百葉

5 Bathroom · 檯面
波斯灰大理石

Bathroom · wall
白色釉面立體磚

7 Living room · window
條紋棉質窗簾

Living room · floor
超耐磨原色復古橡木

Bedroom · floor
超耐磨白色脂松

全室 · wall
踢腳線板

風格素材計劃 2
Stylish plan

———— **Furniture** ————

❽ 白色溫莎椅 溫莎椅椅背上的圓桿呈漂亮的扇形排列，視覺上不但輕盈，坐臥起來也舒適。白色色澤與質樸的空間更相融合。

❾ 黑色格紋單椅 長型沙發選用素白色彩，主人椅則以黑白格紋布料再添質感層次。

❿ 紫色厚實布沙發 選用紫色厚實的女人椅，做為木質空間的鮮明跳色。

⓫ 鄉村風玄關椅 刷舊處理、造型和線條優雅的白色玄關椅，一入門就呈現道地的鄉村風格。

❽
Living room
白色溫莎椅
by 伊莎艾倫

❾
Living room
黑色格紋單椅
by Laura Ashley

❿
Living room
紫色厚實布沙發
byLaura Ashley

⓫
Hallway
鄉村風玄關椅
by Laura Ashley

進入空間的過渡，在玄關處擺放穿鞋椅，
一進門就感受得到溫暖貼心。

I4
home

一場德國之旅，
決定家的樣貌

做　每一個案子都像經歷一場驚喜，每個屋主的故事造就不同的生活空
間。就像這個案子的屋主，不只藏書豐富需要大書櫃，對於如何藏
書早就因為一場旅行有了願景。屋主的弟弟居住在德國，曾經在旅遊德國
時看到弟弟家的藏書方式融合在室內設計中，隨處都有書架，甚至連靠近
天花板處都有，像是滿屋子被書籍環繞，勾勒出屋主對家的期待。

三種門扇，串聯界定四空間

　　這間屋子是老屋翻新的案例，在空間格局上，有些許巧妙安排，一入門的玄關原本是擱置的狀態，我們利用木作格柵窗與餐廳區隔，做為空間緩衝。為避免油煙逸散，餐廳與廚房又以格子門片彈性區隔，看似區隔的空間，在門扉的穿透設計下獨立又串連。

　　另外，屋主需要有個靜心閱讀的角落空間，考量到若安排在空間動線之中，則可能因為家人走動而容易受到干擾。因此，將書房安排在平日進出頻率不高的門口位置。與玄關之間做出折門設計，打開時可直接對望到餐廳和廚房，讓女主人在烹飪時也能掌握家中人員的進出狀況。

1「滿」是我們對這個案子的反向思考，看著整個空間因為書
本和物件而豐富，更帶來滿滿的生活感。2 鄉村風格可透過
原木斷面、實木平台等較為粗獷原始的材質語言來表現。

在書櫃旁的窗前設計閱讀桌
延續知性氣息，善用基地條
件創造飽滿豐富的書香生活。

用文化石主牆　定調鄉村風格

　　原本客廳的空間因為陽台外推，顯得較寬敞，但屋主希望能縮回空間，種植花草。其實這和我們的理念是呼應的，在台灣多數人喜歡陽台外推，希望爭取一、兩坪空間，但越往外推，和對面鄰居的距離越近。萬一原本巷弄就不寬敞，一到夜晚對面屋內的風景更是一覽無遺。因此，在設計初期最先定案的就是將陽台退縮，再以格狀落地窗引進光線。陽台擺放數盆大型植栽，白天觀賞綠葉；夜晚則能發揮遮蔽效果。

　　電視主牆以圓弧造型的文化石牆面，柔化從玄關轉入的直角線條，也具備動線導引的效果。主牆層板下堆疊著大量的原木木頭，即使不設置壁爐，也能營造出溫暖意象。在家具選擇上，以木質和白色為主軸，如白色沙發、溫莎椅和桌几等，將鄉村風格展露無遺。

1 玄關的側邊是書房，利
用折門式窗戶讓空間多些
彈性。2 帶些鄉村風氣息
的廚房，有著溫潤的原木
檯面，讓廚房的溫暖感受
更加飽滿。3 利用格狀柵
欄做隔間，視野可以穿透
到玄關和客廳，也拉開置
身餐廳時的擁擠感。

tips.1 **用門扉決定開與不開之間**
近幾年流行開放式空間，但依據使用
習慣，有些人還是喜歡有遮掩感的隔
間區隔不同空間。這時候我們會建議
可以採用折門等較有彈性的活動隔間
方式，可依據使用需求做調整。

用色彩妝點空間趣味

　　空間樓高較高，設計每個房間的門片時，如果要迎合樓高，門板顯得太窄，不夠美觀，若是按照一般的門板高度，視覺上又顯單薄。恰巧每個房間的配色都很鮮明，因此在每個臥房門片的頂端設計固定窗。從客廳朝通往房間走道望去，可以一眼看出每個房間的色彩，讓空間與空間產生趣味的對話。

　　從房間的配色能隱約看出房間主人的個性，主臥為呼應屋主夫婦的穩健個性，漆上溫暖柔和的奶茶色。兒子需求很單純，只希望是藍色，展現隨和的一面。當時正就讀高一的屋主女兒，個性活潑、有想法，於是我們選用較為大膽的橘紅色系做為女兒房的色調，以突顯她的個性。

1 主臥房利用建築體的凸窗設計臥榻增加空間深度，線板與百葉的鄉村語彙讓空間更加溫馨。2、3 善用小孩房的好採光，大膽使用強烈的色彩，突顯孩子性格與喜好的同時，也不會因為高彩度引起壓迫。

1、2 從每間房門上方的格窗設計，可以看到各個房間的不同用色，增加空間的流動感。3 浴室地板以10×10復古磚雙色拼貼，如漸層般渲染出樸實的質地，也溫潤足部踩踏的觸感。

DO THIS / 2

廚房裡的備忘小黑板

廚房旁的角落設立一個用黑板漆漆成的
小型留言板，讓屋主隨手寫下食譜、食
材備忘或是給家人的貼心話語。小型的
盆栽佈置，則能帶來好心情。

DO THIS / 3

給家一個做生活記錄的平台

生活中常會有一些生活寫真或收藏，把它
們展示出來，融入日常，輕易就能營造生
活感。在玄關、客廳、書櫃留一方空間做
為生活紀錄的平台，還可以依心情或季節
更換場景，增添生活情趣。

DO THIS / 1

雙面鐘是鄉村風的必備元素之一

女主人特地在公共空間的中間點安置了時
鐘，四面八方溫柔地提醒著大家時間。特意
挑選的雙面鐘，是鄉村風格的必備元素之
一。復古細緻的羅馬數字，同樣是家的裝飾。

麵包師傅的手感自然家

身為麵包師傅,擁有一個可以讓他盡情做麵包的中島廚房是他對家的期待。
他還特別挑選三面採光的好房子,讓他徹底實現如此伴著陽光與麵包香的美好住宅!

麵包師傅的夢幻廚房,在
這裡一邊做麵包,一邊享
受陽光,多麼美好!

風格素材計劃 1
Stylish plan

———— Color ————

❶ **淡奶茶色** 喜歡寧靜感的生活氛圍，純白又顯得
單調，於是運用溫暖清雅的奶茶色貫穿全室。
❷ **藤色** 清新的藤色運用在臥房，營造自在放鬆的
睡寢環境。

———— Material ————

❸ **橄欖綠釉面立體磚** 大塊拼貼橄欖綠立體磁磚
為浴室帶來古典氣息。
❹ **白橡木集成木板** 選用未上漆的實木檯面，營造
乾淨清爽的視覺感受。
❺ **黑檀木貼皮** 浴室洗手檯選用黑檀木貼皮，搭配
橄欖綠磁磚，呈現彷若優雅紳士般的沉穩空間。
❻ **胡桃木色竹百葉** 竹子較薄，賦予大面窗景輕盈
的質感。

———— Furnishing ————

❼ **米白棉質沙發布** 在強調清與淺的空間調性
裡，選用米白色棉布做為沙發布料，與公共空間
的奶茶色連成一氣。

Kitchen・cabinet
櫃體鍍鉻把手

❼
Living room・window
米白棉質沙發布

全室・door
門片線板

Living room・floor
超耐磨田園橡木

① Living room · wall
Safari Bisque

② Bedroom · wall
藤色

③ Bathroom · wall
橄欖綠釉面立體磚

④ Kitchen · 檯面
白橡木集成木板

⑥ Living room · window
胡桃木色竹百葉

Kitchen · 檯面
粗砂礫人造石

⑤ Bathroom · 檯面
黑檀木木皮

Bathroom · floor
白色霧面六角馬賽克磚

Bathroom
鍍鉻壁面出水水龍頭

Bedroom · 書桌檯面
洗白橡木木皮

全室 · wall
踢腳線板

Bathroom · 檯面
金鑲玉大理石

風格素材計劃 2
Stylish plan

──────── **Furniture** ────────

❽ **簡樸風格吊燈** 手工玻璃配上鑄鐵質感的骨架構造，呼應簡單與樸實的空間調性。

❾ **工業風立燈** 充滿歷史感的燈飾，金屬仿舊的質感，與溫潤空間更相融合。

❿ **米色L型沙發** 線條簡單的L型沙發，搭配較為淡雅的色調，讓空間清新又溫暖。

⓫ **復古風格書報架** 充滿復古風格的書報架，擺放在客廳取代邊桌所造成的動線不便。

❽
Kitchen
簡樸風格吊燈
by 渴望燈飾

❾
Living room
工業風立燈
by 滿開

❿
Living room
米色L型沙發
by 訂製家具

⓫
Living room
復古風格書報架
by 二手家具店

Home Data

台北市‧中古屋
大樓‧17坪
屋主1人‧麵包師傅

走進小玄關，陽光灑滿了臉，映入眼簾的是白色鞋櫃、原木百葉扇和綠意盆栽，交織著小風光。

home 15

伴隨陽光和麵包香的
溫暖清新宅

這位屋主很特別，是一位對做麵包有著高度堅持的麵包師傅，講求做事效率也非常愛乾淨，因為屋主一人居住，不需要太多的隔間，自由開放自是最好的空間提案。再加上房子本身擁有三面採光的好條件，要擁有陽光灑落且寬敞的客廳，並且和他最常使用的餐廚空間串聯在一起，是他對新家的設定。

1

白色、淡奶茶色與陽光的奏鳴曲

溝通過程中，隨著屋主清楚明確地表達需求，也漸漸了解他的喜好和個性，反而在設計規劃上更能掌握方向。其實有著陽光外型的屋主，在簡練個性的背後蘊藏溫柔，於是以溫暖的淡奶茶色搭配白色為空間的色調基礎。

從玄關處，先以白色櫃體和原木百葉扇搭配綠色盆栽開啟入門畫面，在光線充裕的白天，小巧玄關充滿陽光，一踏進門就感受到溫暖。客廳保持清爽寬敞，且大多延用舊家具，省去添購家具費用。

屋主喜歡「輕」和「淺」的感覺，除了空間色調清淡，沙發選擇也採用純淨的白，營造空間的放鬆感。

1 無隔間的開放式設計，一眼就望穿客餐廳，不想浪費陽光般地把日光納進室內，而奶茶色壁面更添加家的溫度。2 空間應該依循著條件和習慣而變動，順應屋主熱衷玩電動的喜好，客廳捨去茶几配置，釋放出大塊空間。3 客廳以白色木作櫃體收納電視，兩側則是可擺放雜物的立式收納櫃。

中島檯面連接了廚房和客廳，家人或友人來訪時，
都可圍繞著檯面聊天嬉笑。

tips 1

tips 2

廚房是空間的一切

此外，熱愛做麵包的屋主最重視的空間自然是廚房，而大中島廚房更是他夢寐以求的；中島下方要有可收納紅酒的空間，於是將中島檯面的尺寸改為約110公分×230公分，比一般規格來得大，寬裕的料理檯面也更加好用。為了方便他選擇與拿取鍋具，我們在料理台下方規劃無櫃門的抽屜式鐵網，增加作業的便利性。

生活簡單 空間跟著簡單起來

崇尚簡單生活，屋主本身衣物和收藏並不多。規劃臥房時，雖然面積不大，倒也節省了衣櫥空間，僅需要小衣櫥就能收納全部衣物。在衛浴配色上，屋主早有概念。原來是多年前在國外旅遊時，見過有著綠色牆面搭配深色木頭櫃體的衛浴後，心中就此認定理想中衛浴模樣。滿足屋主對家的期望，也正是我們的期待。衛浴的壁面，我們建議選用橄欖綠磁磚，搭配深色原木鏡框和洗手檯支架，在迎合期望中，更利用亮面磁磚建構明亮有質感的衛浴風貌。

整體空間因為擁有三面採光，需要大量窗戶，一律用原木色百葉扇搭配色調潔淨的室內，增添些許溫暖，也讓不同空間因為有著相同元素的配件，產生關聯性。空間在有共通元素的串聯下，各自獨立著，當屋主置身其中，開始了家的故事。

tips.1
中島是料理檯兼餐桌
屋主重視廚房，廚房佔據的空間和一般同樣坪數的小空間相比，的確加大許多。以厚實原木做成的大中島，而且是一個人居住，正好捨棄餐桌的需求；中島兼用餐的桌面，觸摸著溫潤原木用餐，反而更好。

tips.2
鏤空的鍋具收納架保持通風
對有餐飲業習慣的人來說，都喜歡將鍋具放在通風處。其實這樣對鍋具的保養來說也比較好，畢竟一般人很少會完全瀝乾鍋子後才收納，因此若置放鍋具的架子本身通風，就能較快速風乾鍋具，尤其是陶鍋或不鏽鋼鍋。

1 身為麵包師傅，即便在家都享受著揉製麵包的麵粉香。利用厚實原木當中島檯面，可當餐桌及揉製麵團的絕佳檯面。2 廚房動線建議把瓦斯爐檯面規劃在日光前，考量油煙通風也豐富做菜視野。3 中島吧檯的下方空間除了既定的排水管位置，特地安排抽屜增加收納，也將藏酒櫃結合吧檯，賦予多重使用機能。

1

1 屋主把空間留給最常使用的公共空間，面對實際空間不大的臥房，運用充足採光破解侷促，完美的進光量能夠帶動空間的寬闊感。2 不喜歡繁複，臥房傢飾僅用不同的淺色做視覺層次，平淡中帶著品味。3 亮面橄欖綠壁磚、深色櫃體，實現屋主心目中衛浴的模樣。與臥房同樣採用白色格狀外推窗，賦予空間優雅之感。

2

3

你也可以這樣佈置！

DO THIS / 1

大型地毯增添活潑溫馨又界定空間

空間裡有許多是屋主的舊家具，包括客廳的超大波斯地毯，恰巧為色調清淺的空間增添活潑因子，同時豐富視覺感受。如此大面積的地毯也肩負起界定玄關與客廳的角色，一物多用。

DO THIS / 2

抱枕軟件療癒人心

取用空間裡的兩項大面積色彩：奶茶色與木質百葉的咖啡色系，特意找尋咖啡色格狀抱枕點綴，夜間有時不需要照亮整屋子，開盞立燈，窩在沙發邊看個書，就是一種享受。

DO THIS / 3

生活一點綠　活絡空間氛圍

在陽光充足的住宅裡，特別適合擺放大型植栽，為色調清淺的空間增添綠意與生氣；入門玄關端景，更可以因季節或心情變換不同的花材，簡單隨興就能製造出入門的好感覺。

Part

3

—

風格素材店家
SHOP

家具

麗居國際家具

SHOP / 1

滿足喜好美式居家者的夢想

成立於2005年的麗居國際家具,是國內許多設計師喜愛使用的品牌,引進美國知名家居達人瑪莎史都華的家具之外,更陸續引進歷史悠久的百年品牌,讓商品多元豐富,有休閒如南漢普敦風格到經典優美的英國喬治王朝元素系列家具。

Shop info.
電話 02-8791-1788　**地址** 台北市內湖區行愛路141巷18號5-6樓
網址 titi.com.tw　**營業時間** 週一至週日10:00-18:00　**店休日** 無

Jus house

SHOP / 2

走進典雅奢華的日子

有些人形容走進Jus house像是走入五星級酒店內,氣氛高雅卻不矯情。正如Jus house官網所寫的,「Jushouse 相信家具不應該是光潔平整,不應該鎖在展示櫃裡兀自驕傲。」家具不只應該好看,還應該好用,於是賣場裡的每一件家具都是能增添空間風采的好家具。

Shop info.
已歇業

ATELIER 50

SHOP / 3

回到50年代的法國生活

因為喜歡,所以蒐集。因為蒐集多了,想再收集更多就得割愛,於是這間小店就這麼開了。專門蒐集20～50年代的法國家具,略帶冰冷的工業風采很受年輕人喜愛,且店內的商品完整性很高,買回的老家具不只美麗,還很實用。

Shop info.
電話 02-2709-5521　**地址** 台北市仁愛路四段112巷13弄12號
網址 www.atelier50.com　**營業時間** 預約制

Laura Ashley（台灣洛拉）　SHOP / 4

獨有品味的英倫傢飾

來自英國，1953年創立的Laura Ashley，擁有種類眾多的家具飾品，喜好使用英國碎花家具傢飾來設計產品，讓商品帶有濃厚英式風采。從仕女服飾到家居飾品，都可以從線上挑選或是到門市親自觀看，滿足喜好輕鬆優美英式生活的族群喜愛。

Shop info.
電話 02-2740-9662　**地址** 台北市大安區忠孝東路四段45號9樓（SOGO忠孝館）　**網址** www.laura-ashley.com.tw　**營業時間** 平日及例假日11:00-21:30、例假日前一天11:00-22:00　**店休日** 無

Kartell　SHOP / 5

獨步全球經典塑料家具

專營經典設計塑料家具的kartell，和世界許多頂尖設計師合作，例如法國鬼才菲利浦‧史塔克的GHOST單椅為台灣消費者所熟悉。Kartell生產的家具造型獨特，色彩繽紛，為家居增添不少活力面容。

Shop info.
電話 02-8773-7559　**地址** 台北市仁愛路三段121號1樓
網址 www.danese-lealty.com.tw
營業時間 週一至週日10:00-19:00　**店休日** 無

MOT／CASA　SHOP / 6

世界各地經典品牌家具代理

代理世界各地經典品牌家具的MOT，精選美麗線條的好家具，為想提昇生活品味的的消費者做了嚴選把關。旗下有vitra、Tom Dixon、Moooi等國際知名品牌，致力於搜尋地球上的好家具，讓人們生活更加美好。

Shop info.
電話 02-8772-0078　**地址** 台北市建國南路一段5號1樓
網址 www.motstyle.com.tw　**營業時間** 週一至週日10:30-19:00
店休日 無

IKEA 宜家家居

富設計感平價家具

來自瑞典的 IKEA，應該無人不曉。簡單的線條帶出俐落設計，商品眾多，曾經有人說過全部購買 IKEA 家具就能擁有一個家需要的完整元素，大至沙發、餐桌椅、床架、床墊，小至鍋碗瓢盆、廚衛用品皆有。

Shop info.
電話 02-2716-8900　　**地址** 台北市松山區敦化北路 100 號 B1
網址 www.IKEA.com/tw/zh/　　**營業時間** 週日至週四及國定假日
10:00-21:30、週五、週六及國定假日前一日 10:00-22:00　　**店休日** 無

豐澤園

美好雅緻的家具選擇

成立 10 多年的豐澤園，專門代理歐美家具，主打自然氣味的鄉村風家具，產品多元化，有南法鄉村、美式農莊、美式海濱休閒等系列。主張家居空間應該保持率性，以混搭取代單一性質家具，突顯不同空間的獨特個性。

Shop info.
電話 02-2790-7212　　**地址** 台北市舊宗路一段 150 巷 53 號
網址 fortuneliving.com.tw　　**營業時間** 週一至週五 11:30-20:30
週六、週日 10:30-21:30　　**店休日** 無

伊莎艾倫

沿襲歐洲精美工藝技術

成立於 1932 年的伊莎艾倫，全球目前有超過 300 家的門市，是全美最具知名度的家具品牌。伊莎艾倫的家具特色在於承襲傳統歐洲貴族傢飾的形式和工藝，部分商品甚至是藝術家手工繪製而成，讓家具本身不只實用，更成為一件藝術品。

Shop info.
電話 02-2790-0992　　**地址** 台北市內湖區新湖三路 268 號
FB 伊莎艾倫台灣總代理　　**營業時間** 10:00-19:00　　**店休日** 無

POTTERY BARN

SHOP / **10**

最純粹的美式風味

POTTERY BARN是美國的本土品牌，在國內沒有經銷商，於是如果想購買他們家的產品，只能請代購或是直接上官網購買。POTTERY BARN正因為是道地的美國品牌，販售的商品自然有著最正統的美式風，線條大多簡單不繁複，從家具到傢飾類皆有。

Shop info.

網址 www.potterybarn.com

RH

SHOP / **11**

用時尚點綴新古典靈魂

以時尚風格濃烈的新古典家具聞名的 Restoration Hardware，用最簡練的線條呈現低調奢華的新古典文化。恰到好處的線條比例，讓每一件家具都像是藝術品一樣美麗，輕鬆就能打造出一個典雅的居家空間。

Shop info.

網址 www.restorationhardware.com

DWR

SHOP / **12**

以生活為出發的設計家具

DWR全名為Design Within Reach，意為觸手可及的設計。設計理念以家具設計應該和生活需求緊密相關為出發，喜好在小空間內展現最好的設計，讓每一件家具都能適應任何環境，即便是坪數不大的小房子，也能擁有好的生活品味，正是他們一直以來的產品訴求。

Shop info.

網址 www.dwr.com/home.do

傢飾

K'space

販售生活的好品味

位在信義誠品一樓的K'space，賣場裡優雅帶率性的生活傢飾，皆是網羅自世界各地的美麗傢飾，每個商品有著典雅線條，講究細節但不追逐過度，展現品牌獨具個性風，也適合喜好個性美的消費族群。

Shop info.

電話 02-2723-2298　　**地址** 台北市信義區松高路11號1樓 (信義誠品)
網址 www.kuansliving.com.tw　**營業時間** 週日至週四11:00-22:00、週五至週六11:00-23:00　**店休日** 無

竹一燈飾

鄉村、古典燈飾的集散地

燈飾對空間是重要的，不只帶來光明，還能美化整體視覺。位在新竹的竹一燈飾，專門販售鄉村風味濃厚的燈飾，也有不少古典線條的產品，因為專門販售燈飾，且賣場坪數大，產品眾多，可以一次觀看到不少產品，是買燈飾的好去處。

Shop info.

電話 03-535-9088　　**地址** 新竹市自由路50號
網 址 neihu8888.pixnet.net/blog　**營 業 時 間** 週 一 至 週 六9:00-21:00　**店休日** 日

安得利

美麗的織品讓日常變得更好

織品的柔軟觸感和精美圖騰，是增添空間風采的好幫手。安得利主要以傢飾及商空布料為主，也提供壁面材料及各式流蘇、掛帶。無論你是喜歡流行的工業風、簡練的北歐風、或是浪漫法式情懷，都能在這裡找到適合風格的布料，製成布簾或沙發來點綴家居的美好。

Shop info.

電話 02-2720-2991　　**地址** 台北市仁愛路四段440號 (仁愛店)
網址 www.andarigroup.com　**營業時間** 週一至週五9:00-19:00、週六13:00-17:00　**店休日** 週日

建材

夏綠蒂

SHOP / 16

走進精緻磁磚的世界

在技術的進步下，磁磚愈來愈擁有多重面貌。在玄關、廚房或是衛浴空間，因為較容易沾惹髒污或水漬，往往是大量使用磁磚的區域，於是挑選一個好看的花色，還有適當的材質，讓空間美觀又實用安全，而夏綠蒂磁磚花色齊全，種類多，很容易挑選到喜歡的磁磚樣式。

Shop info.
電話 02-2528-1597　**地址** 台北市八德路四段335號1樓
網址 www.chatiles.com　**營業時間** 週一至週四8:30-19:30、週五8:30-17:30、週六10:00-17:30　**店休日** 週日

得利塗料

SHOP / 17

色彩豐富你的居家

得利塗料擁有品質好，色彩種類多，可選擇自己配色的優良服務品質。過往台灣的家庭普遍保守選擇白色，但漸漸的，開始喜歡利用色彩改變空間，擁有2000多種色彩可選擇的得利，相信可以滿足你對色彩的期待。

Shop info.
電話 0800-321-131　**網址** www.dulux.com.tw

QUICK STEP

SHOP / 18

超耐磨地板的好選擇

地板是居家空間內不可或缺的，近年來流行舖設超耐磨地板，表層仿木紋紋路，具有耐磨特性，對於喜歡木地板質感，卻又擔心時間久了了表層會變得斑駁不堪的人來說，QUICK STEP滿足了需求。

Shop info.
電話 0800-819-888　**網址** quickstep9.com.tw

現代歐系居家風格解剖書

就像住在國外一樣！想知道的細節、想買的家具、
想挑的建材、想學的布置，全都教會你！

（原書名：住進英倫風的家）

作者	齊舍設計事務所　簡武棟＆柳絮潔
執行編輯	蔡婷如、柯霈婕、紀瑀瑄、莊雅雯
企劃編輯	莊雅雯
責任編輯	詹雅蘭
封面設計	白日設計
內頁設計	IF OFFICE ╱ www.if-office.com
攝影	游宏祥攝影工作室、齊舍設計、王正毅
校對	簡淑媛
行銷企劃	郭其彬、王綬晨、邱紹溢、陳雅雯、張瓊瑜、余一霞、王涵、汪佳穎
總編輯	葛雅茜
發行人	蘇拾平

出版　原點出版 Uni-Books
台北市 105 松山區復興北路 333 號 11 樓之 4
Facebook：Uni-Books 原點出版
Email：uni-books@andbooks.com.tw
電話：02-2718-2001　傳真：02-2718-1258

發行　大雁文化事業股份有限公司
台北市 105 松山區復興北路 333 號 11 樓之 4
24 小時傳真服務：02-2718-1258
讀者服務信箱：andbooks@andbooks.com.tw
劃撥帳號：19983379　戶名：大雁文化事業股份有限公司

一版二刷　2019 年 10 月
定價　420 元
ISBN　978-957-9072-12-0

國家圖書館出版品預行編目（CIP）資料

現代歐系居家風格解剖書：就像住在國外一樣！想知道
的細節、想買的家具、想挑的建材、想學的布置，全都
教會你！／齊舍設計事務所　著
-- 初版 -- 臺北市：原點出版：大雁文化發行，2018.04；
256 面；17×23 公分
ISBN 978-957-9072-12-0（平裝）
1. 室內設計 2. 空間設計

422.5　　　　　　　　　　　　　　　　107005155